钩针编织曼陀罗花样

蒋幼幼／译

日本E&G创意／编著

目 录
C O N T E N T S

花卉
FLOWER
曼陀罗

作品

其 他

宇宙

UNIVERSE

曼陀罗

飞轮 p.18

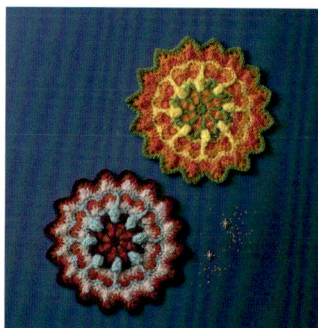

天日 p.19

朔望 p.20

繁星 p.21

莫比乌斯环 p.22

螺旋 p.23

生命的诞生 p.24

无限 p.26

和谐 p.27

治愈 p.28

永恒 p.29

欢喜 p.30

花卉

FLOWER

曼陀罗

自古以来，花卉在信仰、医学、艺术、疗愈等方面都是不可或缺的存在。人们相信，花卉蕴含着极为强大且积极向上的能量，会对我们的情感、精神乃至灵魂产生影响。这部分的主题就是让我们的内心更加滋润、丰盈的花朵。下面将结合对应的花语，为大家介绍各种「花卉曼陀罗」。

1

2

沉着冷静

————

莲花／LOTUS

制作方法: p.40, 41　设计＆制作: 镰田惠美子　尺寸: 直径15cm

4

純净的心灵

莲花／LOTUS

3

4

制作方法: p.42, 43　设计＆制作: 镰田惠美子　尺寸: 直径15cm

幸福

蒲公英／DANDELION

5

优雅

大丽菊／DAHLIA

6

制作方法: **p.44, 45**　设计&制作: 镰田惠美子　尺寸: 直径15cm

坐垫

用极粗的腈纶毛线编织，可以当作坐垫。
大丽菊的最大特点就是丰富的色彩，不妨用自己喜欢的颜色感受渐变的效果。

制作方法: **p.44, 45**

设计＆制作: 镰田惠美子　尺寸: 直径29cm

光辉

向日葵／SUNFLOWER

7

希望

非洲菊／GERBERA

8

制作方法：**p.46**　设计＆制作：冈真理子　尺寸：直径15cm

纯真

波斯菊／COSMOS

9

10

制作方法: **p.47**　设计＆制作: 冈真理子　尺寸: 直径15cm

11

12

真爱

————•————

木春菊／MARGARET

13

锅垫

这是用花样13制作的锅垫。
清新绽放的木春菊令人治愈。双层设计，结实耐用。

制作方法: p.48~50

设计&制作: 冈真理子　尺寸: 直径25cm

14

15

关
心

郁金香／TULIP

制作方法：**p.51, 52**　设计＆制作：今村曜子　尺寸：直径15cm

16

純
潔

———

百合花／LILY

17

爱情

———•———

玫瑰花／ROSE

18

19

20

制作方法：p.52, 53　设计＆制作：远藤裕美　尺寸：**18**直径20cm, **19**直径15cm, **20**直径10cm

心灵美

樱花／CHERRY BLOSSOM

21

22

制作方法: **p.55**　设计＆制作: 远藤裕美　尺寸: 直径15cm

天真烂漫

三色堇／PANSY

23

24

制作方法: p.56, 57　设计&制作: 河合真弓　尺寸: 直径15cm

抱枕

用极粗的腈纶毛线钩织并连接2片花样，制作成抱枕。
时尚的设计极具存在感，仿佛可以感受到三色堇鲜活灵动的生命力。

制作方法: p.56, 57

设计＆制作: 河合真弓　尺寸: 直径34cm

宇宙

UNIVERSE

曼陀罗

宇宙是囊括世界万物，浩瀚无垠的空间，是阴阳的融合。

无始无终的永恒也是曼陀罗的本质。

宇宙是我们各种灵感迸发的源泉。

这部分的主题就是赋予我们无限可能性和遐想的宇宙。

下面将为大家介绍各种『宇宙曼陀罗』。

25

飞轮

———●———

太阳／THE SUN

26

制作方法：**p.58**　设计：冈本启子　制作：宫本宽子　尺寸：直径15cm

天日

太阳／THE SUN

27

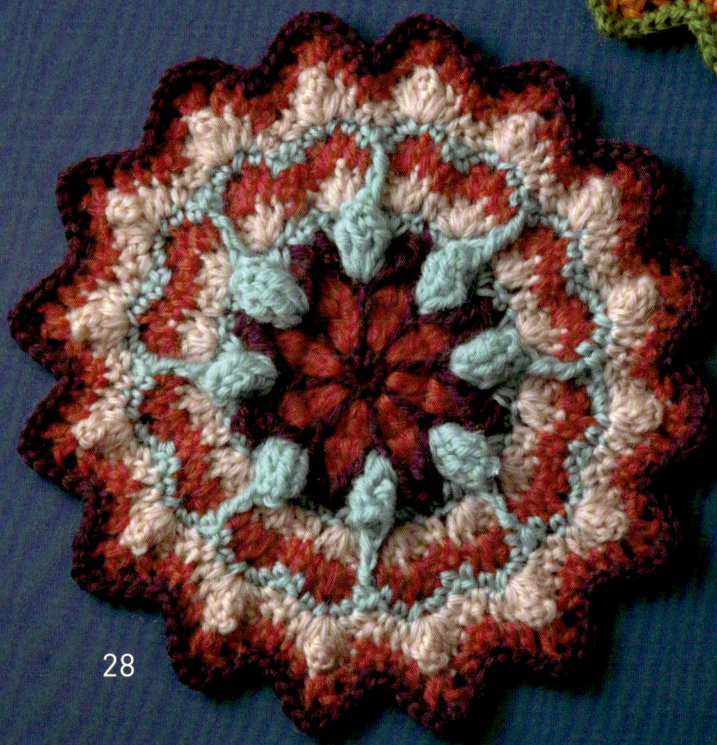

28

制作方法: **p.59**　设计: 冈本启子　制作: 宫本宽子　尺寸: 直径15cm

朔
望

月亮／THE MOON

29

30

制作方法：p.61, 62　设计：冈本启子　制作：宫本宽子　尺寸：直径15cm

31

繁星

——

星星／STAR

32

制作方法：**p.60, 61**　设计：冈本启子　制作：屉岛美千代　尺寸：直径15cm

33

34

制作方法：**p.63** 设计&制作：丰秀环奈 尺寸：直径15cm

螺旋

SPIRAL

35

36

制作方法: **p.64** 设计＆制作: 丰秀环奈 尺寸: 直径15cm

生命的诞生

BIRTH OF LIFE

37

38

39

制作方法：p.65~67　设计&制作：丰秀环奈　尺寸：**37**直径20cm，**38**直径15cm，**39**直径10cm

收纳包

a是钩织2片花样39拼接而成。
b是将花样37对折后装上拉链，制作成手掌大小的收纳包。
这样可以将喜欢的花样经常随身携带。

制作方法：p.65~67

设计&制作：丰秀环奈　尺寸：a直径10cm，b宽20cm、深10cm

40

无限
---•---
INFINITY

41

制作方法: p.68, 69　设计: 冈本启子　制作: 宫本宽子　尺寸: 直径15cm

42

和谐

·—————

HARMONY

43

制作方法: p.70, 71　设计: 冈本启子　制作: 屉岛美千代　尺寸: 直径15cm

44

45

治愈

HEAL

46

制作方法: **p.73, 74**　设计&制作: 小松崎信子　尺寸: **44**直径10cm, **45**直径15cm, **46**直径20cm

永恒

ETERNITY

47

48

制作方法: **p.71, 72**　设计＆制作: 小松崎信子　尺寸: 直径15cm

欢喜

————

JOY

49

50

制作方法: **p.74, 75** 设计&制作: 小松崎信子 尺寸: 直径17cm

提篮

曼陀罗花样与提篮相得益彰。
将喜欢的花样按自己的审美缝在提篮上，自由发挥创意吧。

本书使用线材介绍

MATERIAL GUIDE

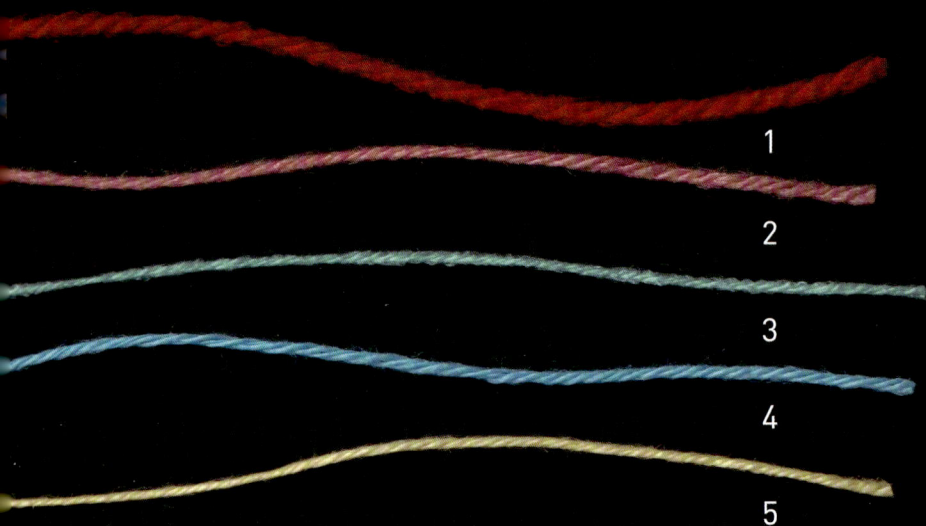

1

2

3

4

5

（图片为实物粗细）

【和麻纳卡株式会社】

1　Bonny
　　腈纶100%（抗菌防臭）　50g/团　约60m　全61色
　　钩针7.5/0号

2　Wanpaku Denis
　　腈纶70%、羊毛30%　50g/团　约120m　全37色
　　钩针5/0号

3　Piccolo
　　腈纶100%　25g/团　约90m　全50色
　　钩针4/0号

【横田株式会社 DARUMA】

4　iroiro
　　羊毛100%　20g/团　约70m　全50色
　　钩针4/0~5/0号

5　小卷 Café Demi
　　腈纶70%、羊毛30%　5g/卷　约19m　全30色
　　钩针2/0~3/0号

* 1~5自左向右表示为：材质→规格→线长→颜色数→适用
　针号。

* 颜色数为截至2024年5月的数据。

* 因为印刷的关系，可能存在些许色差。

BASIC LESSON

配色条纹的换线方法

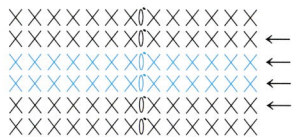

※此处以短针为例进行说明，短针以外的情况也按相同要领换成配色线引拔。

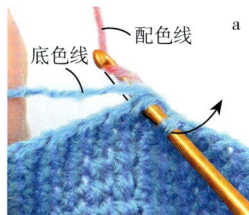

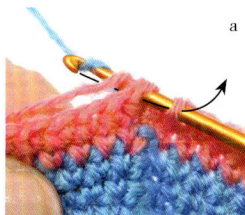

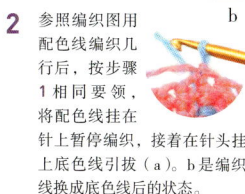

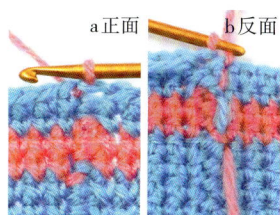

底色线　配色线

a　　　　a　　　　a正面　b反面

1 换成配色线的前一行完成后，在第1针里插入钩针，将底色线挂在针上暂停编织，接着在针头挂上配色线，如箭头所示引拔（a）。b是编织线换成配色线后的状态。

2 参照编织图用配色线编织几行后，按步骤**1**相同要领，将配色线挂在针上暂停编织，接着在针头挂上底色线引拔（a）。b是编织线换成底色线后的状态。

3 参照步骤**1**、**2**继续钩织（a）。b是从反面看到的状态，暂停编织的线形成向上的纵向渡线。

在内侧和外侧半针里挑针的方法

● 在内侧半针里挑针的情况

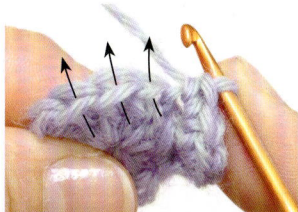

a正面　　b反面

1 如箭头所示，在针脚头部2根线中内侧半针的1根线里挑针钩织。

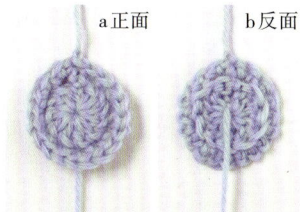

2 a是在内侧半针里挑针钩织1行后的状态。织片反面没有挑针的外侧半针呈条纹状保留下来（b）。

● 在外侧半针里挑针的情况

1 如箭头所示，在针脚头部2根线中外侧半针的1根线里挑针钩织。

2 在外侧半针里挑针钩织1行后的状态。织片正面没有挑针的内侧半针呈条纹状保留下来。

● 在剩下的外侧半针里挑针的情况

1 将已织针脚倒向前面，如箭头所示在刚才挑针行的头部剩下的外侧半针1根线里挑针钩织。

2 在剩下的外侧半针里挑针钩织几针后的状态，织片分成了前后2层。

● 在剩下的内侧半针里挑针的情况

1 如箭头所示，在刚才挑针行的头部剩下的内侧半针1根线里挑针钩织。

2 在剩下的内侧半针里挑针钩织几针后的状态，织片分成了前后2层。

压倒前一行，在下面的行上挑针的方法

● 倒向前面的情况

1 将已织行（粉红色）倒向前面，在下面的指定行（绿色）挑针钩织。

2 a是钩织几针后的状态。钩织的针脚重叠在已织行（粉红色）的后面（b）。

● 倒向后面的情况

1 将已织行（粉红色）倒向后面，在下面的指定行（绿色）挑针钩织。

2 钩织几针后的状态。钩织的针脚重叠在已织行（粉红色）的前面。

包住前一行的锁针线环钩织的方法

※ 此处以长针为例进行说明，长针以外的情况也按相同要领在指定行挑针钩织。

反面

1 包住前一行的锁针线环（蓝色），如箭头所示在指定行（绿色）的针脚里成束挑针。图片是成束挑起2行的状态。

2 针头挂线后拉出的状态。此时，将线拉长一点，保持针脚高度一致。接着完成长针。

3 包住前一行的锁针线环钩织长针后的状态。

4 这是从织片反面看到的状态。

在针脚与针脚之间挑针的方法

1 如箭头所示，在前一行的针脚与针脚之间成束挑针，钩织指定的针法。

2 插入钩针时的状态。

3 在针脚与针脚之间挑针钩织指定针法后的状态。

重点教程（作品钩织要点）

POINT LESSON

花样21、22　图片 p.15　制作方法 p.55

第8行的钩织方法

1 在第2行最后的长针头部挑针接线（a），在同一针的头部挑针钩织短针。b是短针完成后的状态。

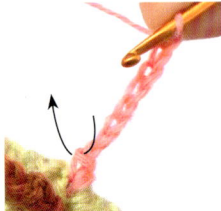

2 钩8针锁针，如箭头所示在短针的内侧半针以及根部的1根线里挑针，钩织引拔针。

3 引拔后的状态。8针锁针的狗牙针完成。

4 下一个短针是在第2行立起的锁针里挑针钩织。a是插入钩织时的状态。b是短针完成后的状态。

5 接下来的短针都是在第2行的长针头部挑针钩织。钩织1行后，将针上的线圈拉长。

6 在拉长的线圈里穿过线团。

7 收紧线圈固定。图片是将线固定后的状态。

第9行

8 第9行是在指定位置插入钩针，将刚才固定好的线拉过来开始钩织。

花样3、4 图片 p.5 制作方法 p.42, 43

第8~16行的钩织方法

※ 为了便于理解，第5、9、11行用粉红色线钩织。

第8行

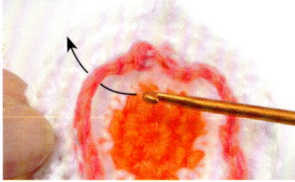

1 第7行完成后，不要将线剪断，放置一边暂停编织。第8行是在第5行3针锁针的线环里挑针钩织。

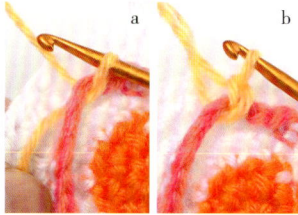

2 如步骤1箭头所示，在3针锁针的线环里成束挑针，将线拉出（a），钩织引拔针（b）。

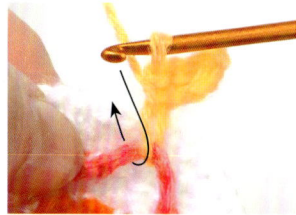

3 钩3针锁针，将其作为起针。接着钩1针立起的锁针，在起针上挑针钩织"1针引拔针、1针短针、1针引拔针"。

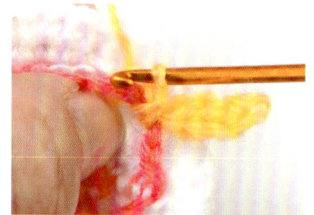

4 在步骤1同一个锁针线环里成束挑针，钩织引拔针固定。

5 参照编织图，在步骤1的锁针线环里按步骤3、4再重复4次，至此为1个花样。1个花样完成后，将针上的线圈拉长。

6 在拉长的线圈里穿过线团，收紧线圈固定。图片是将线固定后的状态。

7 如步骤6箭头所示，在第5行下一个3针锁针的线环里成束挑针，钩织引拔针。此时，将步骤6固定的线横向拉过来钩织引拔针。

8 按步骤3~7再重复3次钩织1行。图片是1行完成后的状态。

第9行

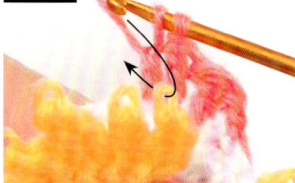

9 第9行是用步骤1暂停编织的线，在第8行顶端的针脚以及第7行的短针头部一起挑针，钩织长针连接在一起。钩织至连接处的前一针后，钩织未完成的长针。

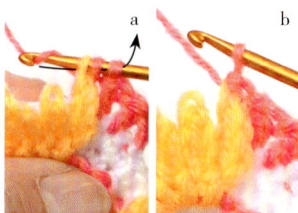

10 如步骤9箭头所示，分开第8行顶端的针脚（立起的1针锁针）插入钩针（a），一次性引拔（b）。第8行的针脚就连接在一起了。

11 参照编织图，在若干处重复步骤9、10，一边钩织长针一边与第8行做连接。图片是1个花样完成后的状态。

12 这是1行完成后的状态。第8行顶端的针脚全部连接在一起。不要将线剪断，放置一边暂停编织。

第10行

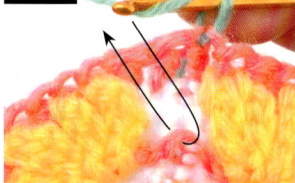

13 第10行加入新线钩织。无须钩织立起的锁针，针头挂线，如箭头所示在第5行3针引拔针的中心针脚里插入钩针，钩织长针。

14 这是插入钩针时的状态。将线拉出时，稍微拉长一点，使其与接下来的锁针高度一致。

15 a是长针完成后的状态。接着钩3针锁针，与步骤13一样，在第5行引拔针的中心针脚里挑针钩织长针（b）。

16 参照编织图，重复步骤13~15钩织1行。图片是1行完成后的状态。不要将线剪断，在线圈里穿过线团暂时固定。

第11行

17 用步骤12暂停编织的线钩3针立起的锁针，在第9行的长针头部挑针钩织长针。此时，避开前一行的锁针，如箭头所示从前面在长针头部挑针。

18 这是插入钩针时的状态。在此针脚里钩3针长针。

19 在同一个针脚里钩入3针长针后的状态。接着跳过前一行的长针，如箭头所示在第9行的长针头部挑针，钩10针长针。

20 钩完10针长针后的状态。此时也按相同要领，避开前一行的锁针，从前面挑针钩织。重复步骤17~19钩织1行。

21 钩完1行后的状态。

反面

22 从反面看，避开的前一行锁针在后面呈现渡线的状态。

第12行

23 第12行用步骤16暂时固定的线，按第10行相同要领，参照编织图钩织1行。图片是钩完1行后的状态。不要将线剪断，放置一边暂停编织。

第13行

24 第13行按第11行相同要领，参照编织图钩织1行短针的条纹针。图片是钩完1行后的状态。

第14行

25 参照编织图，在前一行的内侧半针里挑针钩织1行。图片是钩完1行后的状态。

第15行

26 第15行是将前一行倒向前面，在步骤25剩下的外侧半针里挑针钩织。钩织第1针时，如箭头所示从第1针里拉出步骤23暂停编织的线圈。

27 拉出线圈后的状态。参照编织图钩织1行。

28 钩完1行后的状态。

第16行

29 第16行是在第14行的狗牙针部分以及前一行的针脚里一起挑针，钩织短针连接在一起。钩织至连接处的前一针后，如箭头所示在狗牙针部分以及前一行的长针头部插入钩针。

30 这是插入钩针时的状态。钩织短针。

31 短针完成。第14行的针脚就连接在一起了。

32 参照编织图，一边钩织短针和锁针一边在若干处重复步骤29、30与第14行做连接。图片是钩完1行后的状态。

花样23、24，抱枕　图片 p.16, 17　制作方法 p.56, 57

第9~14行的钩织方法　※为了便于理解，有的地方使用不同颜色的线钩织。

● 包住前一行钩织

第9行

1 钩完1针立起的锁针和短针后，在前一行织出5针长针的第6行锁针上成束挑针，包住前一行钩织长针。

2 钩织长针时，将线拉出得稍微长一点，使其与已织短针的高度一致（a）。b是钩完长针后的状态。

3 钩织爆米花针时，将第7行倒向前面，如箭头所示在第6行长针的头部挑针，包住前一行钩织。

4 爆米花针完成后的状态。参照编织图钩织1行。接着，第10行钩织1行长针的条纹针。

● 钩织叶子

第11行

5 第11行是在第10行钩完条纹针剩下的半针里挑针，钩织叶子。在第9行的内侧半针里挑针，钩1针立起的锁针和3针短针。

6 钩4针立起的锁针，将织片翻至反面。参照编织图，在已织短针里挑针，一边加针一边钩织长长针。

7 长长针完成后的状态。

8 钩2针立起的锁针，将织片翻回正面。参照编织图，在长长针里挑针，一边减针一边钩织长针（在中心1针上钩织狗牙针）。

9 长针完成后的状态。

10 钩2针锁针，如箭头所示在行的交界处插入钩针引拔。

11 引拔后的状态。

12 钩3针锁针（a），如箭头所示在叶子的根部引拔（b）。参照编织图钩织1行，在8处制作叶子。

● 钩织花朵的基底

第13行

13 第12行参照编织图钩织1行，第13行钩织至引拔针前。如箭头所示，在第11行的叶子顶端（狗牙针部分）成束挑针引拔。

14 引拔后的状态。叶子就连接在基底上了。

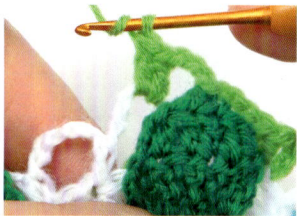

15 接着钩3针锁针，再钩2针长针。

16 钩织未完成的长针（参照p.77），换成指定颜色的线（天蓝色）引拔。

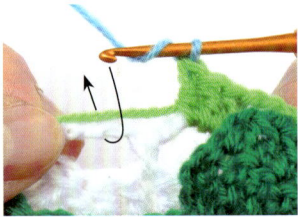

17 用天蓝色线引拔后的状态。包住基底的线（黄绿色），在前一行的锁针线环里成束挑针，钩织中长针。

18 中长针完成后的状态。

19 参照编织图，包住黄绿色线，在前一行的锁针线环里成束挑针钩织。

20 最后一针钩织未完成的中长针（参照p.77），换成黄绿色线引拔。

❂ 钩织花朵

21 用黄绿色线引拔后的状态。交替包住天蓝色和黄绿色的渡线，在前一行的锁针线环里成束挑针钩织1行。

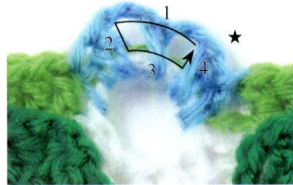

22 第14行要在前一行天蓝色的4条边上按1~4的顺序钩织1圈花瓣。从★位置开始钩织。

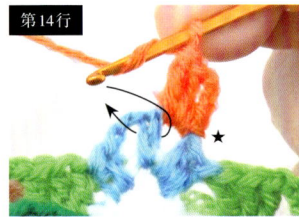

23 在★位置成束挑针，钩织2针长针。接着如箭头所示在前一行短针的根部挑针，钩织外钩长针。

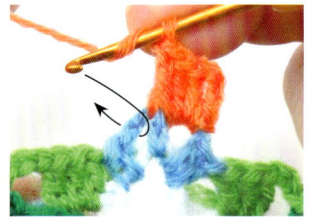

24 外钩长针完成后的状态。参照编织图，在前一行的锁针线环里成束挑针，钩织2针长针，再钩织3针锁针。

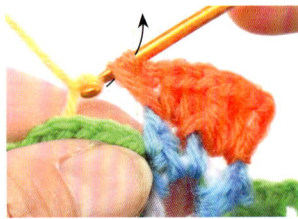

25 最后的短针钩织未完成的短针（参照p.77），换色引拔。

26 第1片花瓣完成。接着如箭头所示，在前一行中长针的根部挑针，钩织第2片花瓣。

27 在前一行中长针的根部成束挑针，钩织短针。图片是在根部成束挑针时的状态。

28 接着钩4针锁针，如箭头所示在同一针的根部成束挑针，钩2针长长针。

29 中心的长长针如箭头所示，分开步骤23挑针的短针根部，插入钩针钩织。

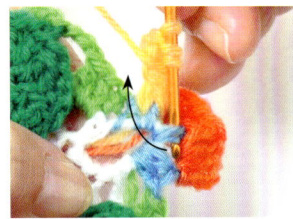

30 插入钩针时的状态。

31 此时，分开短针的根部插入钩针后，如步骤30箭头所示直接转动针头挂线，钩织长长针。

32 中心的长长针完成后的状态。在同一针的根部成束挑针继续钩织，完成第2片花瓣。最后的短针换色引拔。

33 第2片花瓣完成。接着如a的箭头所示，在第12行的锁针线环里成束挑针，钩织第3片花瓣。b是插入钩针时的状态。

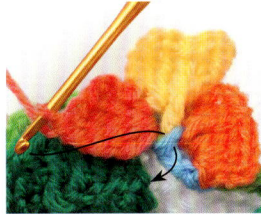

34 在同一个锁针线环里挑针，钩织至第1针3卷长针。图片是3卷长针完成后的状态。

35 外钩长长针如步骤 **34** 箭头所示，与步骤 **23** 一样在前一行的短针根部挑针钩织（a）。b是外钩长长针完成后的状态。

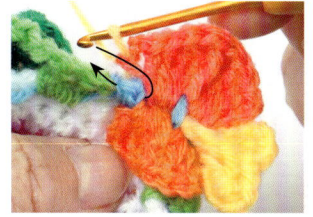

36 参照编织图继续钩织，完成第3片花瓣。最后的短针换色引拔。

37 第4片花瓣如步骤 **36** 箭头所示，在前一行中长针的根部成束挑针钩织。中心的长长针按步骤 **29** 相同要领，分开步骤 **23** 同一个短针的根部挑针钩织。

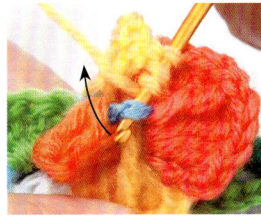

38 插入钩针时的状态。

39 此时，分开短针的根部插入钩针后，如步骤 **38** 箭头所示直接转动针头挂线（a），钩织长长针（b）。

40 参照编织图继续钩织，完成第4片花瓣。图片是第4片花瓣结束，整朵小花完成后的状态。

花样5、6，坐垫　图片p.6, 7　制作方法p.44, 45

第5行的钩织方法

1 钩3针立起的锁针，接着钩1针锁针和长针后，如箭头所示在前一行7针锁针线环的中心分开针脚挑针，钩织引拔针。

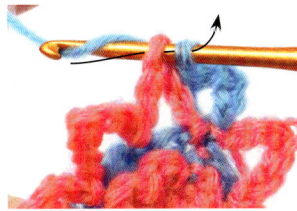

2 插入钩针时的状态。如箭头所示引拔。

3 引拔针完成后的状态。第4行的线环就连接在一起了。

4 参照编织图钩织1行。图片是钩完1行后的状态。

花样25、26　图片p.18　制作方法p.58

第11行的钩织方法

1 从起立针到2针锁针前（1组花样），在前一行的外侧半针里挑针钩织引拔针。

2 暂时取下钩针，在前一行的2针锁针上成束挑针，将刚才取下的线圈拉出。

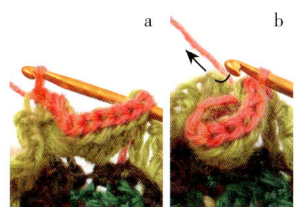

3 插入钩针（a），拉出线圈（b），针脚呈现收拢状态。

4 如步骤 **3**（b）的箭头所示，从下一个2针锁针开始，接着钩织1组花样的引拔针的条纹针。参照步骤 **2**、**3** 收拢针脚。

1、2 图片 **p.4** 尺寸 直径 15cm

1 [材料] 和麻纳卡 Piccolo ／深紫色（31）…4g，橘黄色（7）、群
青色（37）、荧光蓝绿色（57）…各3g，深红色（6）、黄色（8）…
各2g，深藏青色（36）…1g
[针] 钩针 3/0 号

2 [材料] 和麻纳卡 Piccolo ／浅蓝绿色（48）、翠蓝色（52）…各
5g，蓝色（13）…4g，紫色（14）、绿色（24）、浅灰色（33）…
各1g
[针] 钩针 3/0 号

1、2 配色表

行数	1	2
24	橘黄色	浅灰色
23	深红色	蓝色
21、22	深藏青色	紫色
18~20	深紫色	浅蓝绿色
15~17	群青色	翠蓝色
12~14	荧光蓝绿色	蓝色
9~11	黄色	绿色
6~8	橘黄色	翠蓝色
4、5	深红色	浅蓝绿色
3	橘黄色	翠蓝色
1、2	黄色	浅蓝绿色

❶ 花样 第 1~14 行

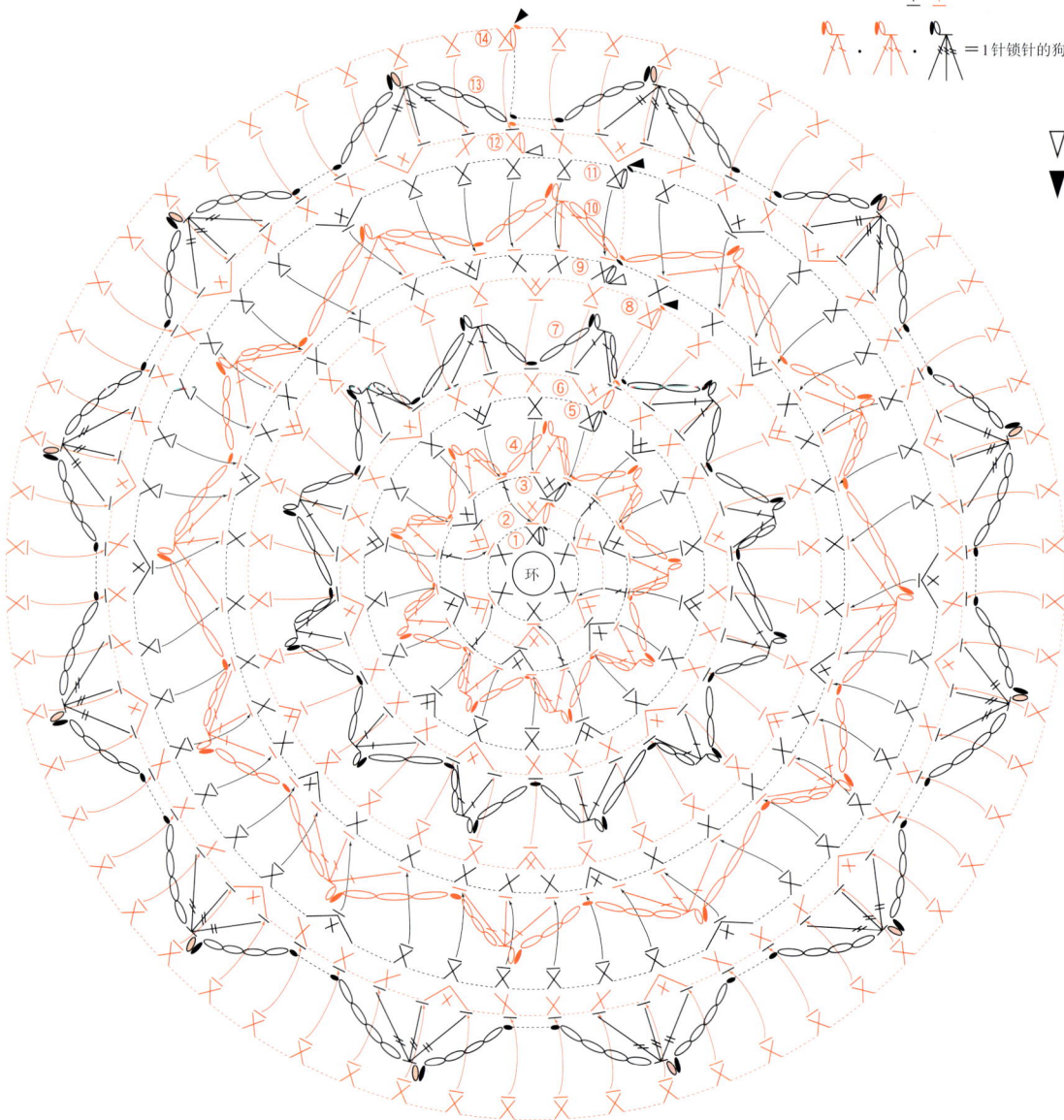

∴ ・ ∴ ＝引拔针的条纹针
╳ ・ ╳ ＝短针的条纹针
╤ ・ ╤ ＝中长针的条纹针
⊼⊤ ・ ⊼⊤ ・ ⊼⊤ ＝1针锁针的狗牙针

▽＝接线
▼＝断线

1、2的钩织方法

※ 按编织图❶~❷的顺序钩织。

※ 分别参照1、2的配色表钩织。

第2行…在第1行的外侧半针里挑针钩织。

第3行…短针是在第2行的外侧半针里挑针钩织，长针是在第1行的内侧半针里挑针钩织。

第4行…在第3行的内侧半针里挑针钩织。

第5行…将第4行倒向前面，在第3行的外侧半针里挑针钩织。

第7行…在第6行的内侧半针里挑针钩织。

第8行…将第7行倒向前面，在第6行的外侧半针里挑针钩织。

第10行…在第9行的内侧半针里挑针钩织。

第11行…将第10行倒向前面，在第9行的外侧半针里挑针钩织。

第13行…在第12行的内侧半针里挑针钩织。

第14行…将第13行倒向前面，在第12行的外侧半针里挑针钩织。

第16行…在第15行的内侧半针里挑针钩织。

第17行…将第16行倒向前面，┃是在第15行的外侧半针里挑针钩织，┃是在第15行的外侧半针以及第13行的⬭里一起挑针钩织
（参照p.35"第8~16行的钩织方法"步骤9、10）。

第19行…在第18行的内侧半针里挑针钩织。

第20行…将第19行倒向前面，┃是在第18行的外侧半针里挑针钩织，┃是在第18行的外侧半针以及第16行的⬭里一起挑针钩织。

第21行…在第20行的外侧半针里挑针钩织。

第22行…✕是在第21行的外侧半针里挑针钩织，✕是在第21行的外侧半针以及第19行的⬭里一起挑针钩织。

第23行…长针是在第21行的内侧半针里挑针钩织。

❷ 花样　第15~24行

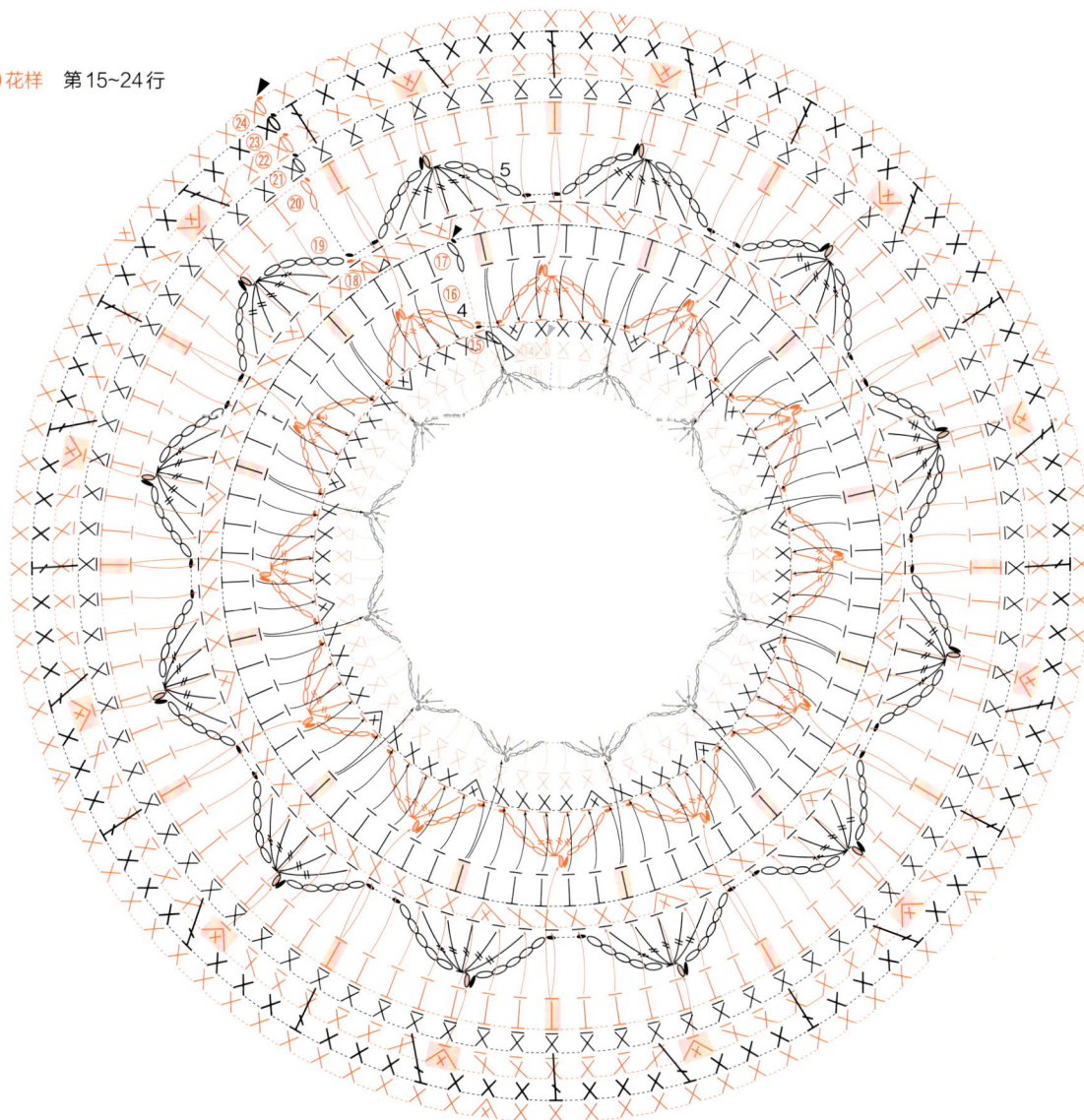

3、4　图片　p.5　重点教程　p.35, 36　尺寸　直径15cm

3　[材料]　和麻纳卡 Piccolo ／荧光黄绿色（56）…4g, 玫粉色（5）、浅灰色（33）…各3g, 浅紫色（49）…2g, 深紫色（31）、浅粉色（40）…各1g
　　[针]　钩针3/0号

4　[材料]　和麻纳卡 Piccolo ／浅蓝绿色（48）…5g, 白色（1）…4g, 荧光橘黄色（51）…3g, 奶黄色（42）…2g, 金黄色（25）…1g
　　[针]　钩针3/0号

3、4　配色表

行数	3	4
21	浅紫色	奶黄色
20	荧光黄绿色	白色
19	深紫色	金黄色
15~18	浅灰色	浅蓝绿色
13、14	玫粉色	荧光橘黄色
12	浅紫色	浅蓝绿色
11	荧光黄绿色	白色
10	浅紫色	浅蓝绿色
9	荧光黄绿色	白色
8	浅粉色	奶黄色
3~7	荧光黄绿色	白色
1、2	玫粉色	荧光橘黄色

3、4的钩织方法

※ 按编织图❶~❷的顺序钩织。

※ 分别参照3、4的配色表钩织。

※ 第8~16行的详细钩织方法参照p.35, 36。

第3行…第2行是锁针时成束挑针钩织，短针时在外侧半针里挑针钩织。

第5行…引拔针是在第4行的内侧半针里挑针钩织。

第6行…在第4行的外侧半针里挑针钩织。此时，将第5行的锁针线环倒向前面钩织。

第8行…在第5行的锁针线环里成束挑针，一边渡线一边在4处钩织。

第9行…第9行的长针 ●●● 先钩织未完成的长针（参照p.77），再与第8行顶端的针脚 ●●● 一起引拔。

第10行…长针是在第5行引拔针的中心针脚里挑针钩织。

第11行…避开第10行的锁针，从前面挑针钩织。

第12行…外钩长针是在第10行的长针根部挑针钩织。

第13行…避开第12行的锁针，从前面在第11行的外侧半针里挑针钩织。

第14行…在第13行的内侧半针里挑针钩织。

第15行…将第14行倒向前面，在第13行的外侧半针里挑针钩织。

第16行…第15行是锁针时成束挑针钩织，✕是在第15行的针脚以及第14行的 ◠ 里一起挑针钩织。

第17、18行…在前一行的外侧半针里挑针钩织。

第19行…长长针和长针是在第16、17行的内侧半针里挑针钩织。

第20行…避开第19行的锁针，从前面挑针钩织。短针是在第18行的针脚里挑针钩织，中长针是在第17行的内侧半针里挑针钩织，长针是在第16行的内侧半针里挑针钩织。

❷花样　第8行

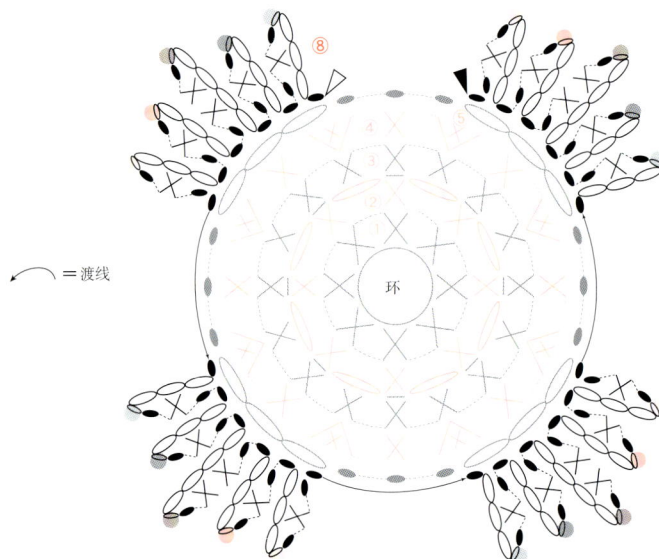

◠ ＝渡线

❶花样　第1~7行
　　　　　第9~21行

▽=接线
▼=断线

● =引拔针的条纹针
✕・✕ =短针的条纹针
† =长针的条纹针
↑ =外钩长针
↟ =1针锁针的狗牙针

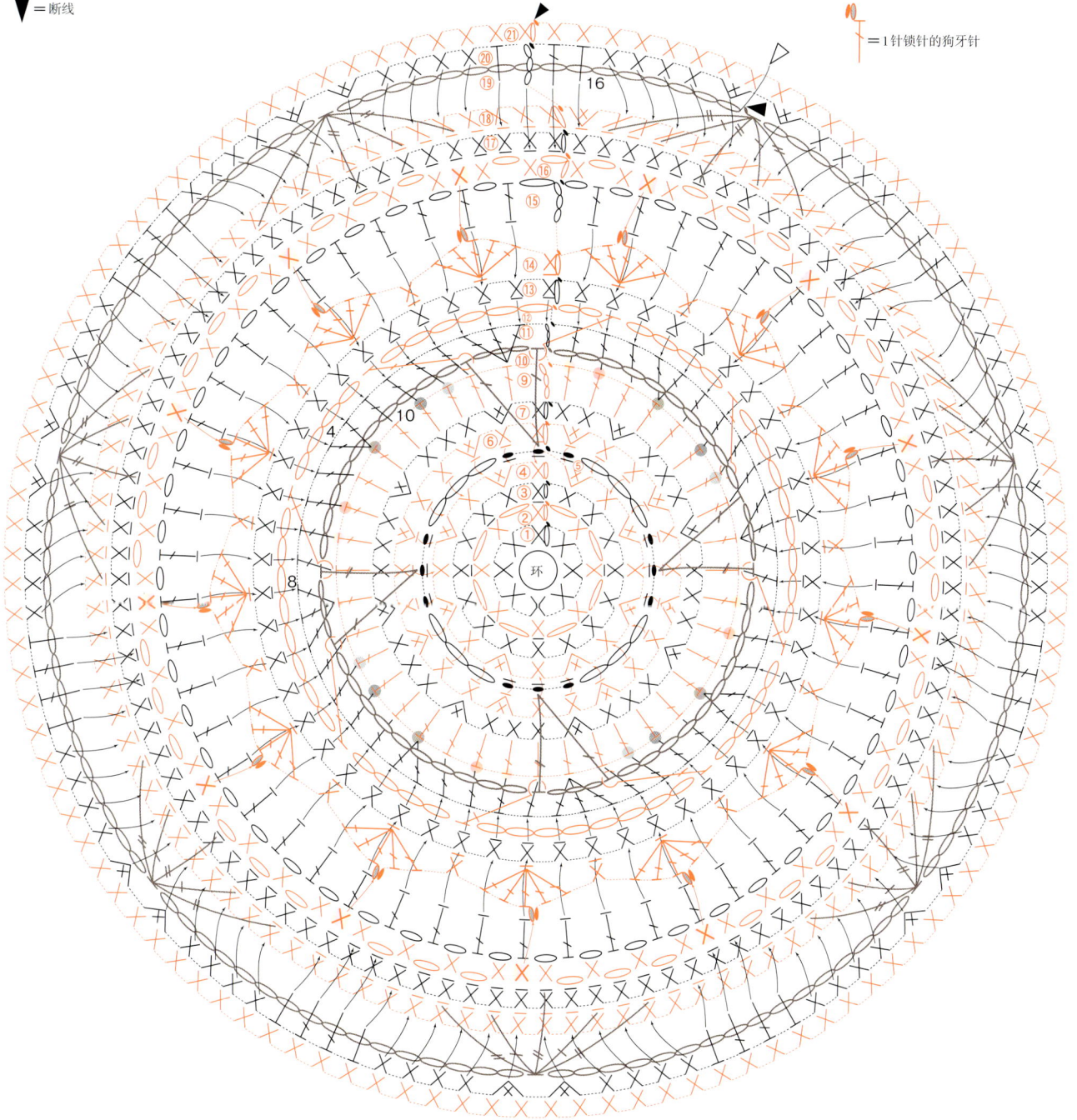

环

4
8
10
16

43

5、6
图片 **p.6** 重点教程 **p.39** 尺寸 直径15cm

坐垫
图片 **p.7** 重点教程 **p.39** 尺寸 直径29cm

5 [材料] 和麻纳卡 Piccolo ／原白色（2）、浅黄色（41）…各4g，黄色（8）、黄绿色（9）、金黄色（25）…各2g，橘黄色（7）、荧光黄绿色（56）…各1g
[针] 钩针3/0号

6 [材料] 和麻纳卡 Piccolo ／蜜米色（45）…5g，橘红色（47）…4g，玫粉色（5）、红色（26）、灰色（50）…各2g，红褐色（30）、深绿色（35）…各1g
[针] 钩针3/0号

坐垫 [材料] 和麻纳卡 Bonny ／蓝色（472）…23g，白色（401）…18g，深藏青色（473）…16g，水蓝色（471）…13g，浅蓝色（439）…12g，靛蓝色（462）…7g
[针] 钩针7/0号

5、6 配色表		
行数	5	6
20	黄绿色	灰色
19	荧光黄绿色	深绿色
18	黄绿色	灰色
17	浅黄色	橘红色
16	原白色	蜜米色
15	黄色	玫粉色
14	浅黄色	橘红色
13	原白色	蜜米色
12	浅黄色	橘红色
11	金黄色	红色
10	原白色	蜜米色
9	金黄色	红色
8	橘黄色	红褐色
7	黄色	橘红色
6	浅黄色	蜜米色
5	金黄色	蜜米色
4	橘黄色	玫粉色
3	金黄色	蜜米色
1、2	橘黄色	玫粉色

坐垫 配色表	
行数	颜色
20	深藏青色
19	靛蓝色
18	深藏青色
17	蓝色
16	白色
15	水蓝色
14	蓝色
13	白色
12	蓝色
11	浅蓝色
10	白色
9	浅蓝色
8	深藏青色
7	水蓝色
6	靛蓝色
5	浅蓝色
4	蓝色
3	浅蓝色
1、2	蓝色

5、6的钩织方法
※ 分别参照5、6的配色表钩织。
※ 第5行的详细钩织方法参照p.39。
第2行…在第1行的内侧半针里挑针钩织。
第3行…在第1行的外侧半针里挑针钩织。
第4行…在第3行的内侧半针里挑针钩织。
第5行…长针是在第3行的外侧半针里挑针钩织，引拔针是在第4行的 ⬭ 里挑针钩织。
第6行…在第5行的内侧半针里挑针钩织。
第7行…将第6行的锁针线环倒向前面，在第5行的锁针上成束挑针钩织。
第8行…在第7行的外侧半针里挑针钩织。
第9行…在第8行的内侧半针里挑针钩织。
第10行…长针是在第7行的内侧半针里挑针钩织，
　　　　短针的条纹针是在第9行的外侧半针里挑针钩织。
第11行…将第9、10行倒向前面，在第8行的外侧半针里挑针钩织。
第12行…在第11行的内侧半针里挑针钩织。
第13行…短针的条纹针是在第12行的外侧半针里挑针钩织。
　　　　引拔针的条纹针是在第10行的外侧半针以及第12行的外侧半针里一起挑针钩织。
第14行…将第12、13行倒向前面，在第11行的外侧半针里挑针钩织。
第15行…在第14行的内侧半针里挑针钩织。
第16行… X 是在第13行的外侧半针以及第15行的外侧半针里一起挑针钩织。
　　　　X 是在第15行的外侧半针里挑针钩织。
第17行…将第15、16行倒向前面，在第14行的外侧半针里挑针钩织。
第19行…X 是在第18行的针脚里挑针钩织。
　　　　X 是在第16行的外侧半针以及第18行的针脚里一起挑针钩织。
第20行…前一行的挑针是锁针时，成束挑针钩织。

坐垫的钩织方法
※ 参照"5、6的钩织方法"，用相同方法钩织。

坐垫

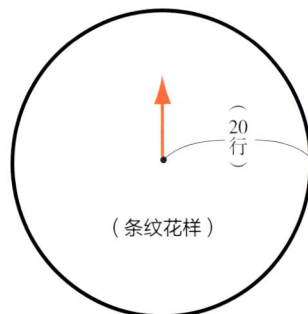

20行

（条纹花样）

29cm

花样

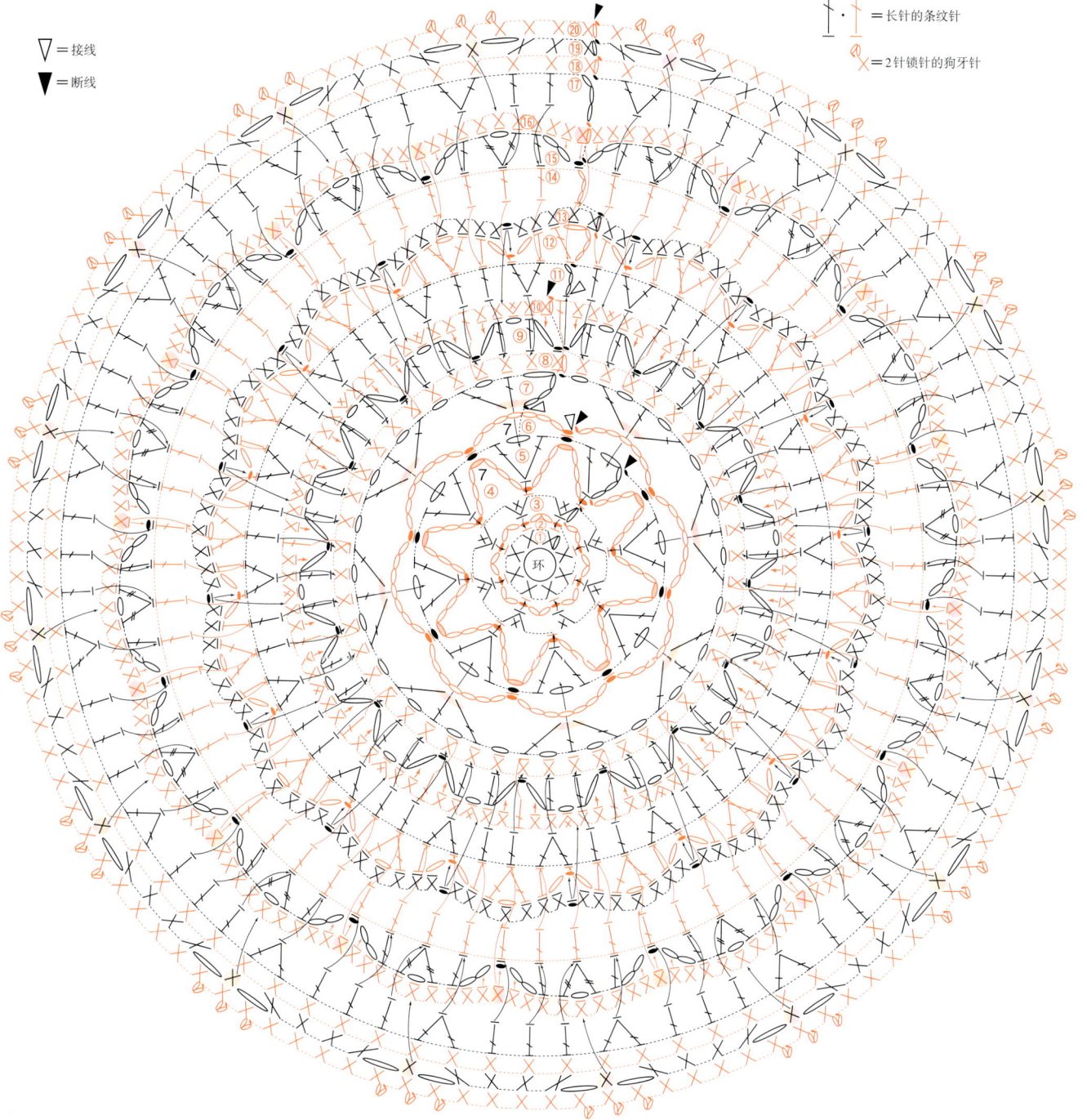

环

45

7、8

图片 **p.8**　尺寸　直径15cm

7 [材料]　和麻纳卡 Piccolo ／黑色（20）、褐色
（29）…各3g，金黄色（25）、姜黄色（27）、深绿
色（35）、浅黄色（41）、奶黄色（42）…各2g，深
棕色（17）…1g
[针]　钩针4/0号

8 [材料]　和麻纳卡 Piccolo ／深藏青色（36）…4g，
橙色（28）…3g，橘黄色（7）、红褐色（30）、烟
粉色（39）、蜜米色（45）、橘红色（47）…各2g，
黑色（20）…1g
[针]　钩针4/0号

7、8的钩织方法

※ 分别参照 7、8 的配色表钩织。
第2行…在第1行的锁针上成束挑针钩织。
第3行…将第2行倒向前面，在第1行的锁针上成束挑针钩织。
第4行…在第3行的锁针上成束挑针钩织。
第5行…将第4行倒向前面，长针是在第3行的短针里挑针钩织，
　　　　短针是在第3行的锁针上成束挑针钩织。
第6行…在第5行的锁针上成束挑针钩织。
第7行…将第6行倒向前面，在第5行的针脚里挑针钩织。
第8行…长针是在第7行的短针里挑针钩织，
　　　　内钩短针是在第6行"变化的3针中长针的枣形针"上成束挑针钩织。
第9行…长长针是将第8行倒向前面，在第7行的锁针上成束挑针钩织。
　　　　短针是在第8行的锁针上成束挑针钩织。
第11行…前一行的挑针是锁针时，成束挑针钩织。
第12行…将第11行倒向前面，短针是在第10行的锁针上成束挑针钩织，
　　　　内钩短针是在第10行的内钩长针的根部挑针钩织。
第13行…前一行的挑针是锁针时，成束挑针钩织。
第14行…✕ 是在第13行的外侧半针里挑针钩织，
　　　　⊗ 是在第13行的针脚以及第11行的 ◯ 里成束挑针钩织。

花样

▽ =接线

▼ =断线

7、8 配色表

行数	7	8
14	褐色	橙色
12、13	黑色	深藏青色
11	姜黄色	橘红色
10	浅黄色	蜜米色
9	金黄色	烟粉色
8	深绿色	红褐色
6、7	奶黄色	橘黄色
4、5	褐色	橙色
1~3	深棕色	黑色

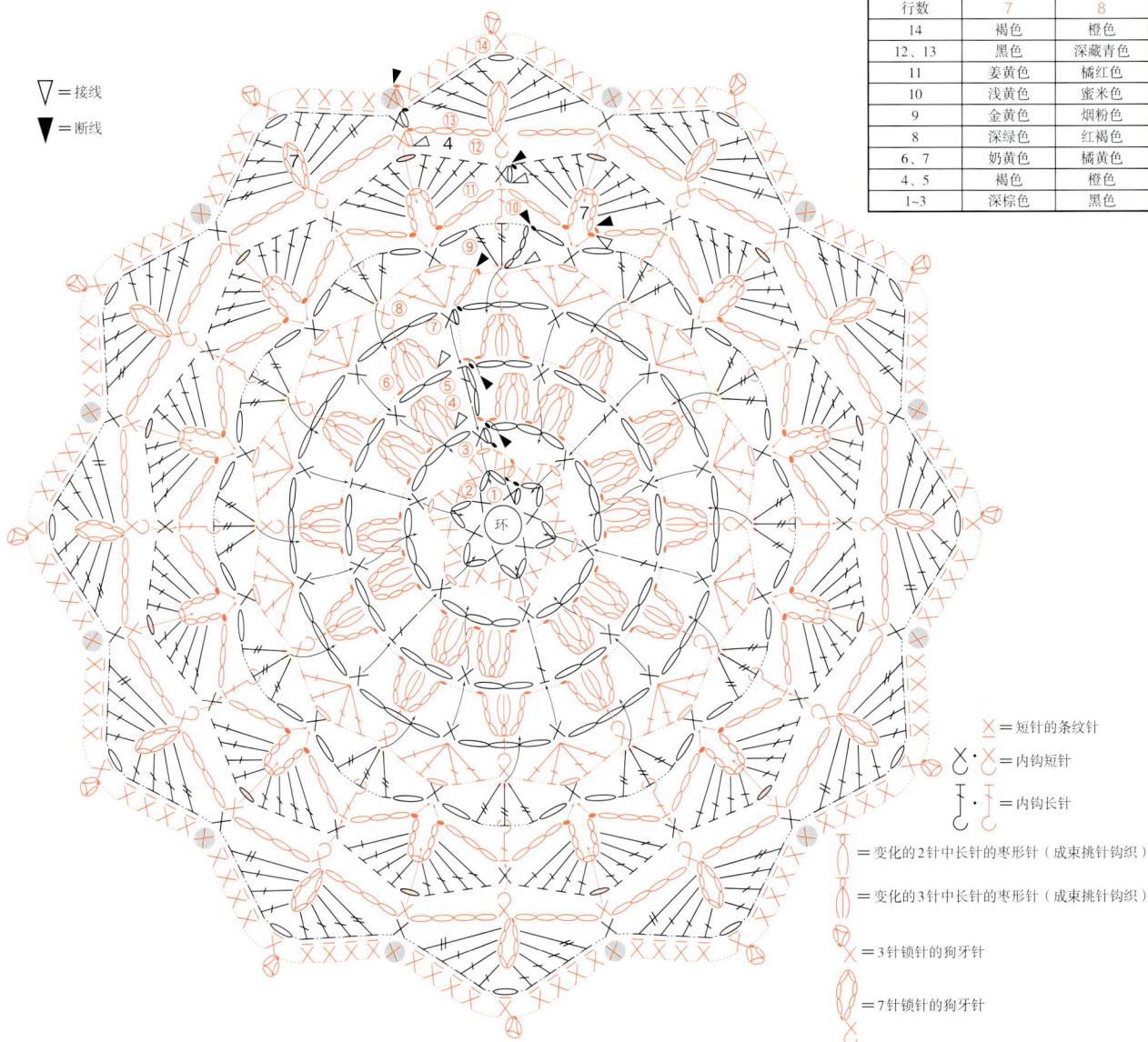

✕ =短针的条纹针

=内钩短针

=内钩长针

=变化的2针中长针的枣形针（成束挑针钩织）

=变化的3针中长针的枣形针（成束挑针钩织）

=3针锁针的狗牙针

=7针锁针的狗牙针

9、10 图片 **p.9** 尺寸 直径15cm

9 [材料] 和麻纳卡 Piccolo ／翠蓝色（52）…4g，浅粉色
（40）…3g，玫粉色（5）、黄绿色（9）、橘红色（47）…
各2g，深绿色（35）…1g，姜黄色（27）…少量
[针] 钩针4/0号

10 [材料] 和麻纳卡 Piccolo ／蓝色（13）…4g，白色（1）…
3g，橘黄色（7）、浅蓝色（12）、抹茶色（32）、深藏青
色（36）…各2g，金黄色（25）…少量
[针] 钩针4/0号

9、10的钩织方法
※分别参照9、10的配色表钩织。
第3行…从 ⬯ 挑针时，在上侧1根线和里山挑针钩织。
　　　　锁针是将第2行的锁针倒向后面钩织。
第4行…第3行是锁针时成束挑针钩织。
第5行…将第3、4行倒向前面，长针是在第2行的锁针上成束挑针钩织。
　　　　短针是在第4行的锁针上成束挑针钩织。
第8行…3针中长针的枣形针是将第7行倒向后面，
　　　　在第6行的长长针里挑针钩织。
第9行…将第8行倒向后面，长针和 ⋎ 是在第7行的针脚里挑针钩织。
　　　　短针是在第8行的锁针上成束挑针钩织。
第11行…将第9、10行倒向前面，长针是在第8行的锁针上成束挑针钩织。
第12行…第11行是锁针时成束挑针钩织，
　　　　中长针是在第10行的短针里挑针钩织。
第13行…将第12行倒向前面，短针是在第11行的锁针上成束挑针钩织。

9、10 配色表

行数	9	10
13	玫粉色	抹茶色
11、12	翠蓝色	蓝色
10	橘红色	浅蓝色
9	黄绿色	橘黄色
8	浅粉色	白色
7	深绿色	深藏青色
6	翠蓝色	蓝色
5	黄绿色	橘黄色
3、4	浅粉色	白色
2	玫粉色	抹茶色
1	姜黄色	金黄色

花样

▽=接线
▼=断线

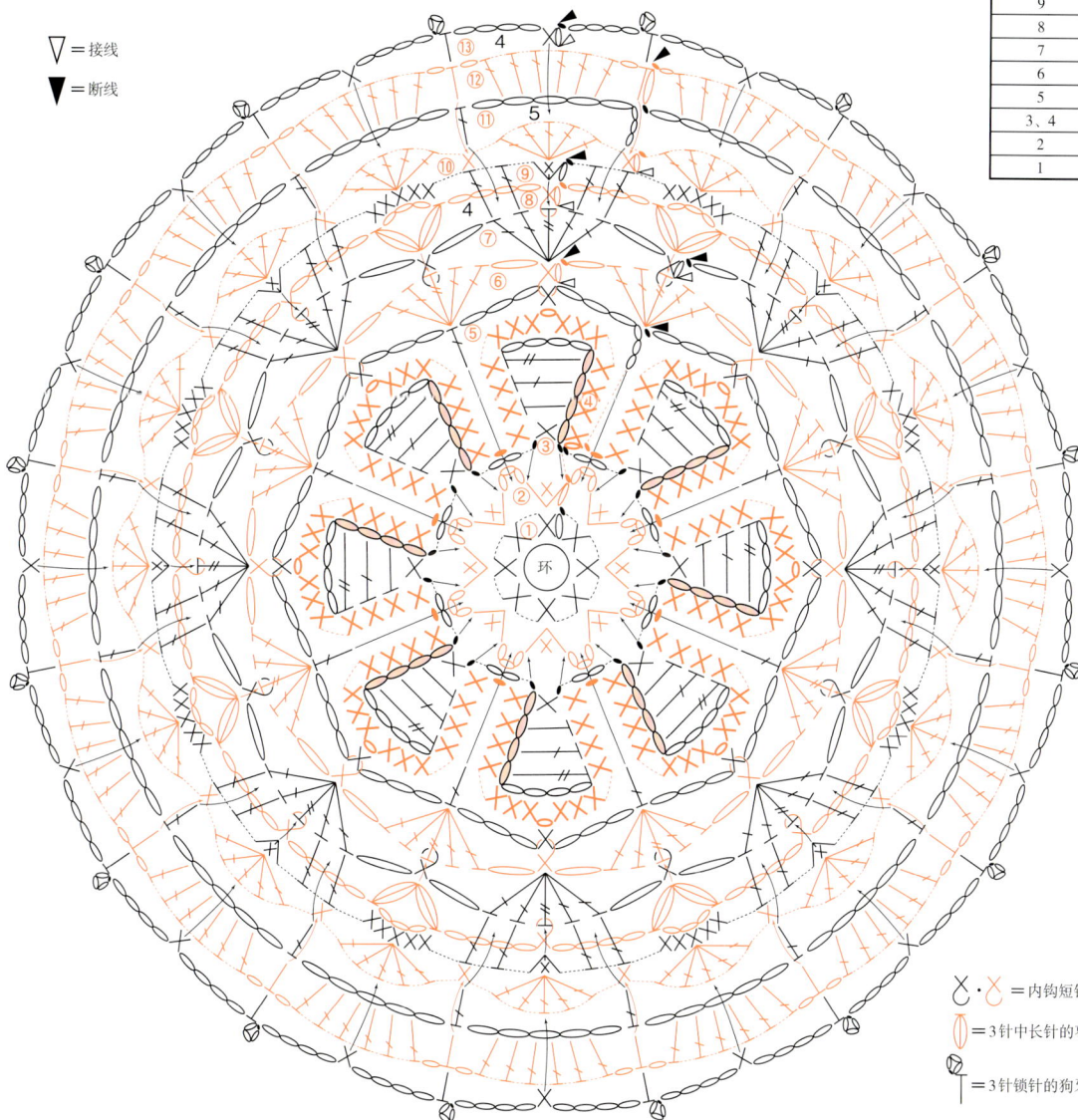

ϟ · ⋉ =内钩短针

〇=3针中长针的枣形针（在1个针脚里挑针钩织）

=3针锁针的狗牙针

11、12、13 图片 **p.10** 尺寸 **11**直径10cm，**12**直径15cm，**13**直径20cm

锅垫 图片 **p.11** 尺寸 直径25cm

11 [材料] 和麻纳卡 Piccolo ／白色（1）、浅紫色（49）…各2g、黑色（20）、浅粉色（40）、浅黄色（41）…各1g，抹茶色（32）、奶黄色（42）…各少量
[针] 钩针4/0号

12 [材料] 和麻纳卡 Piccolo ／浅黄色（41）…7g，褐色（29）…4g，奶黄色（42）…3g，深棕色（17）、金黄色（25）…各2g，抹茶色（32）、荧光黄绿色（56）…各少量
[针] 钩针4/0号

13 [材料] 和麻纳卡 Piccolo ／荧光黄绿色（56）…7g，深绿色（35）…5g，绿色（24）、浅蓝绿色（48）…各4g，黄绿色（9）、浅紫色（49）…各3g，抹茶色（32）、浅黄色（41）…各少量
[针] 钩针4/0号

锅垫 [材料] 和麻纳卡 Wanpaku Denis ／藏青色（11）…36g，浅蓝色（47）…12g，靛蓝色（63）…10g，沙米色（55）…8g，粉红色（9）…6g，原白色（2）…4g，浅灰色（34）…少量
[针] 钩针5/0号、6/0号

11、12、13 配色表

行数	11	12	13
16			深绿色
15			绿色
14			浅紫色
13		深棕色	绿色
11、12		褐色	浅蓝绿色
9、10		浅黄色	荧光黄绿色
8	黑色		
6、7	浅紫色	金黄色	深绿色
5	白色	奶黄色	黄绿色
4	浅粉色	褐色	浅蓝绿色
3	浅黄色	深棕色	绿色
2	奶黄色	荧光黄绿色	浅黄色
1	抹茶色	抹茶色	抹茶色

锅垫（前片）配色表

行数	颜色
边缘钩织	靛蓝色
16	藏青色
15	粉红色
14	靛蓝色
13	粉红色
11、12	沙米色
8、9	浅蓝色
6、7	藏青色
5	原白色
4	沙米色
3	粉红色
2	浅灰色
1	靛蓝色

11、12、13的钩织方法

※分别参照11、12、13的配色表钩织。
※11钩织至第8行，12钩织至第13行，13钩织至第16行。
第3行…在前一行的外侧半针里挑针钩织。
第5行…在第4行的锁针线环里成束挑针钩织。
第6行…将第5行倒向前面，在第4行的锁针上成束挑针钩织。
第9行…将第8行的3针锁针倒向后面钩织。
第10行…长针是在第9行的锁针上成束挑针钩织。短针是在第5行的 ◯ 里成束挑针钩织。
第11行…将第10行倒向前面，在第9行的锁针上成束挑针钩织。
第14行…Ͳ 是将第10行的 ⬭ 重叠在第13行的 Ⅹ 上一起挑针钩织。

锅垫的钩织方法

①后片参照图示钩织11行长针。
②前片参照"13的钩织方法"，用相同方法钩织16行。
③将前、后片正面朝外重叠着挑针，钩织1行边缘。

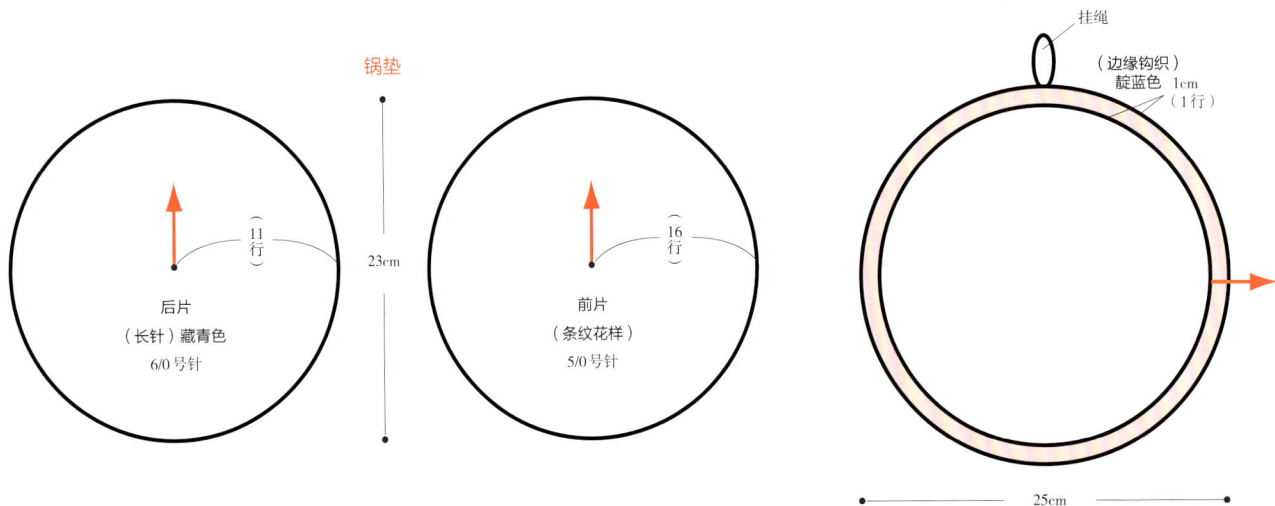

锅垫

后片
（长针）藏青色
6/0号针

前片
（条纹花样）
5/0号针

挂绳
（边缘钩织）
靛蓝色 1cm
（1行）

11行

16行

23cm

25cm

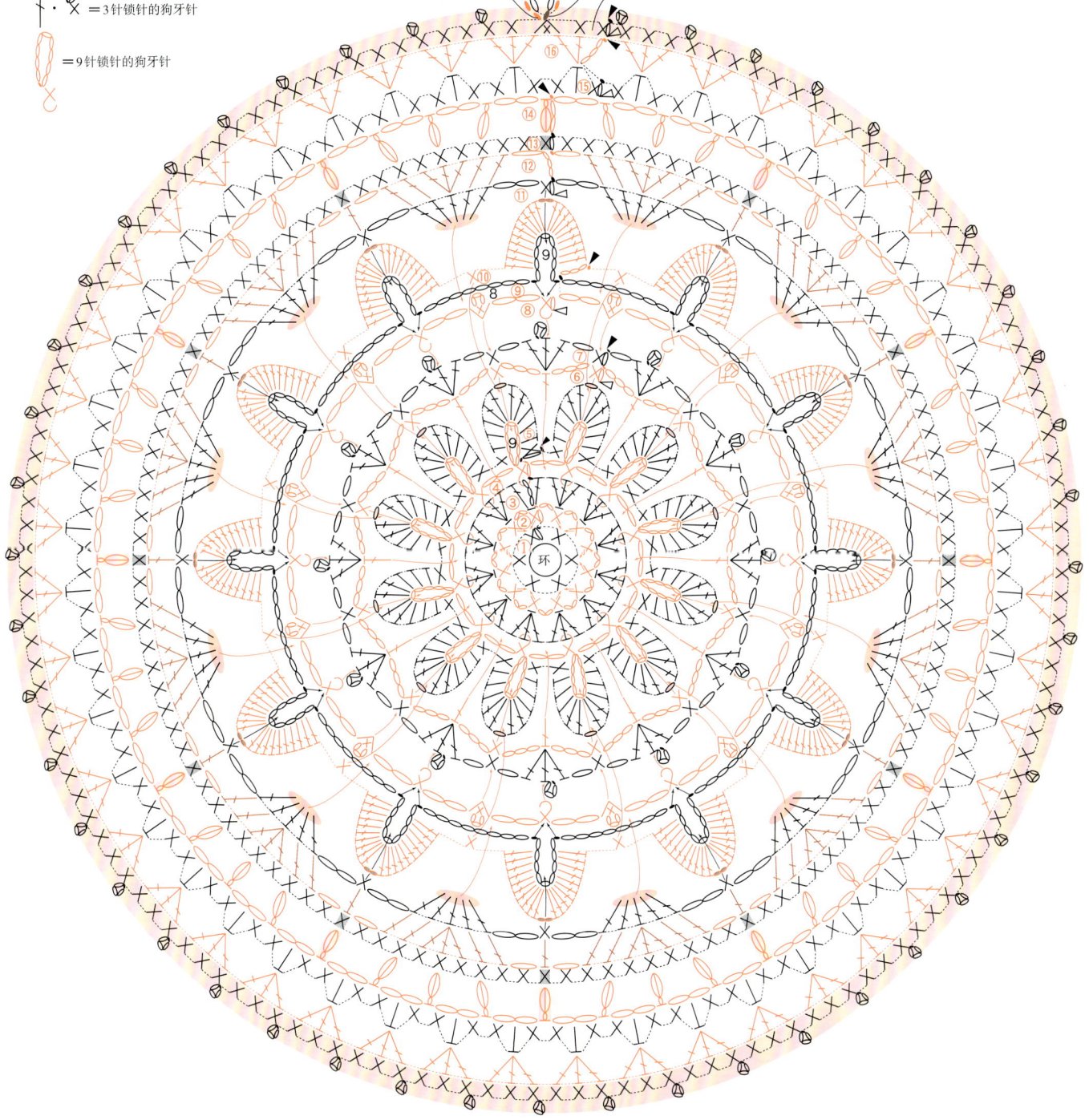

图例：

= 内钩短针

= 长针的条纹针

= 变化的3针中长针的枣形针（在1个针脚里挑针钩织）

= X X

= 3针锁针的狗牙针

= 9针锁针的狗牙针

花样
11 第1~8行
12 第1~13行
13 第1~16行
锅垫（前片）第1~16行

吊绳

此针的钩织方法：暂时从线圈上取下钩针，从 ✕ 的头部将该线圈向前拉出，接着钩15针锁针

狗牙针在此处引拔

边缘钩织

▽ = 接线

▼ = 断线

环

针数表

行数	针数	加针
11	144	+12
10	132	+12
9	120	+12
8	108	+18
7	90	+12
6	78	+18
5	60	+12
4	48	+12
3	36	+18
2	18	+12
1	6	

锅垫（后片）

藏青色

▼ ＝断线

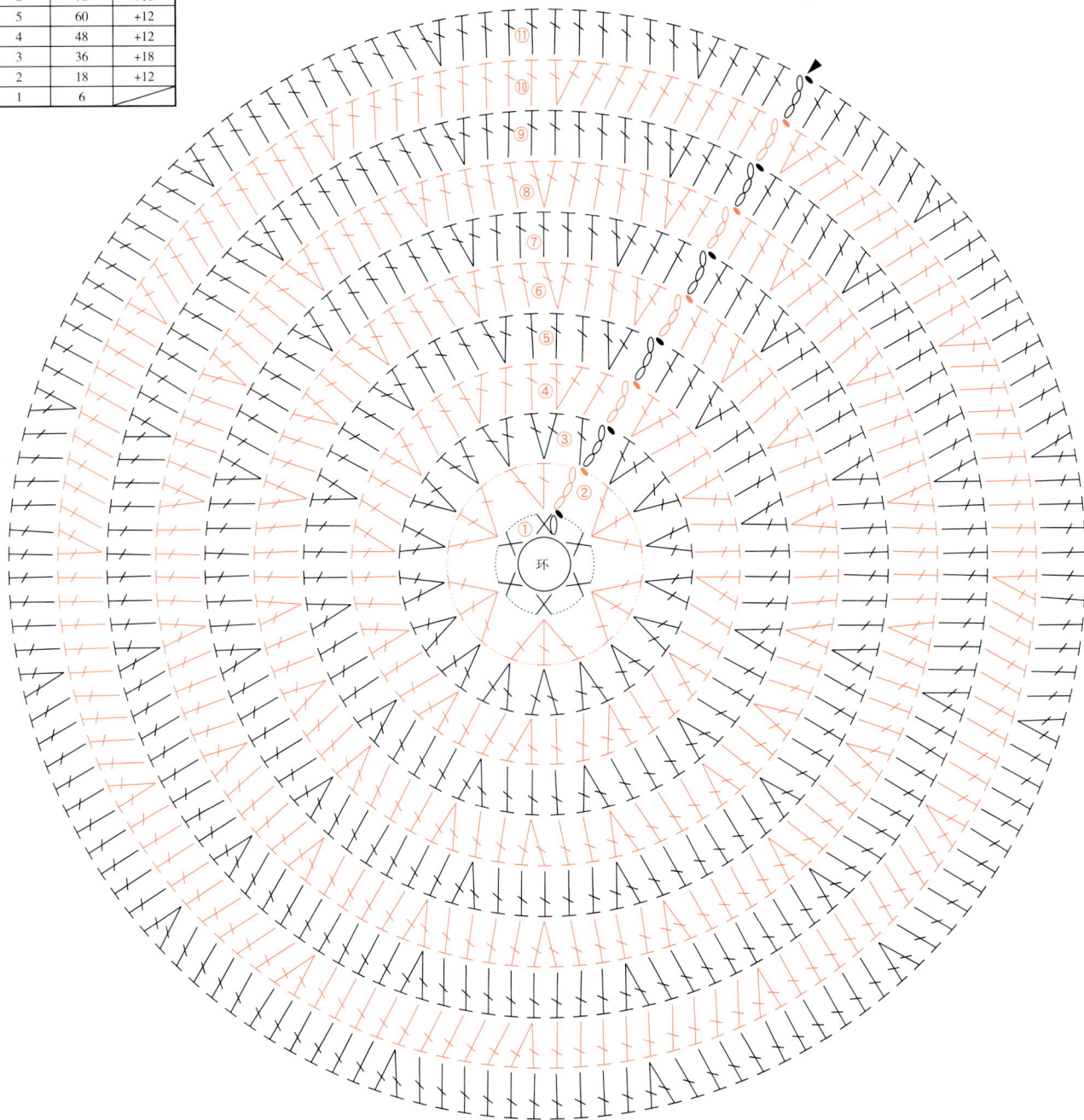

14、15　图片　p.12　尺寸　直径15cm

14 [材料]　DARUMA iroiro ／米白色（1）、苔绿色（24）、
橄榄绿（25）、开心果绿（28）…各3g，莓红色（44）…
2g，紫红色（45）…1g
[针]　钩针4/0号

15 [材料]　DARUMA iroiro ／米白色（1）、嫩绿色（27）、
紫色（46）、浅灰色（50）…各3g，群青色（13）…2g，
藏青色（12）…1g
[针]　钩针4/0号

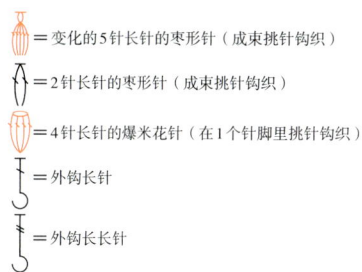

= 变化的5针长针的枣形针（成束挑针钩织）

= 2针长针的枣形针（成束挑针钩织）

= 4针长针的爆米花针（在1个针脚里挑针钩织）

= 外钩长针

= 外钩长长针

▽ = 接线

▼ = 断线

花样

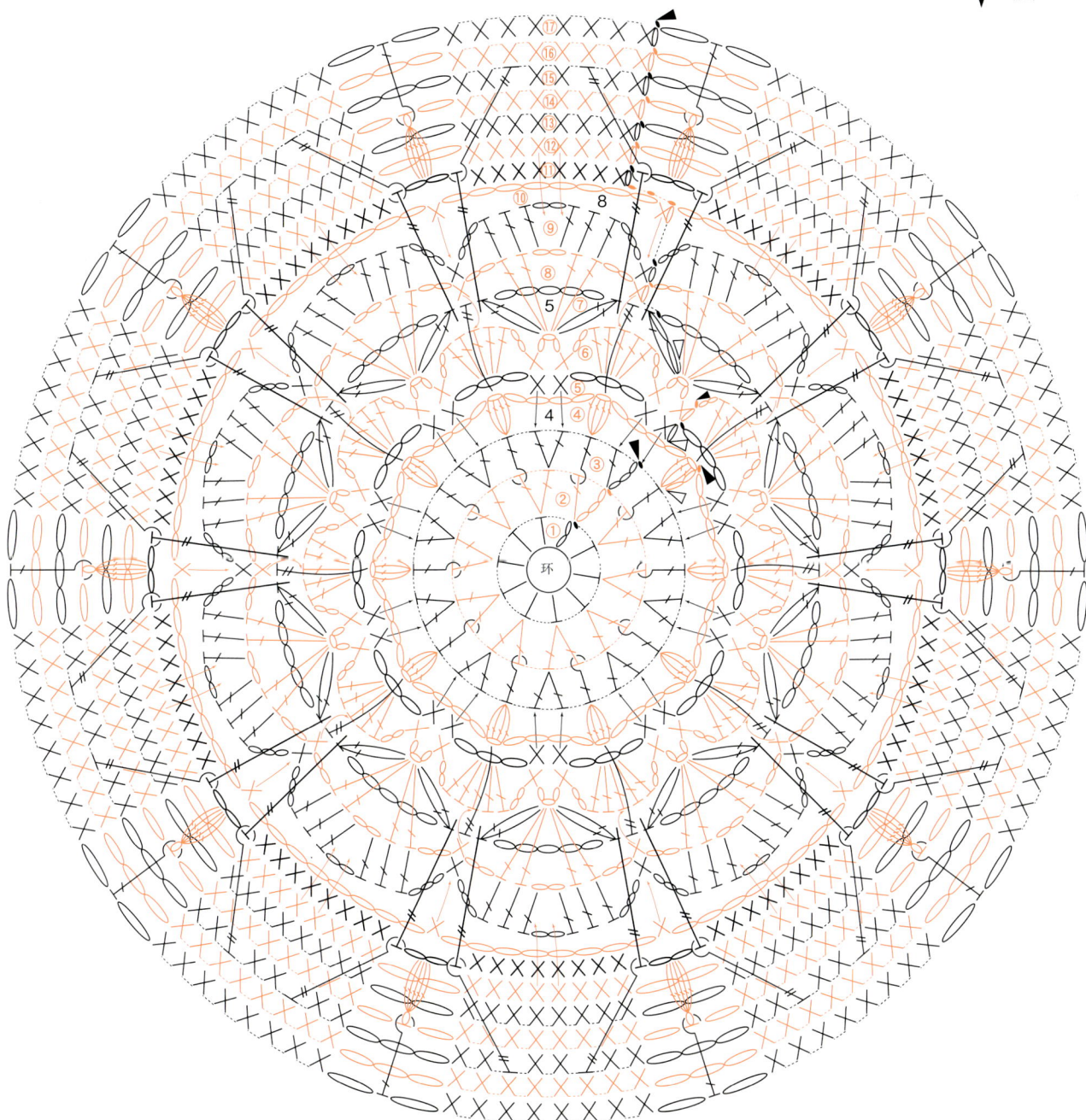

14、15 的钩织方法

※分别参照14、15 的配色表钩织。

第5行…短针是包住第4行的锁针，在第3行的针脚里挑针钩织。

第6行…第5行是锁针时成束挑针钩织。

第7行…2针长针的枣形针是在第6行的锁针上成束挑针钩织。

　　　　长长针是将第5、6行倒向后面，在第4行的"4针长针的爆米花针"里挑针钩织。

第8行…短针是将第7行倒向前面，在第6行的长针里挑针钩织。

　　　　长针是将第7行倒向后面，在第6行的锁针上成束挑针钩织。

第9行…第8行是锁针时成束挑针钩织。

第10行…锁针是将第9行倒向前面钩织。

第11行…短针是在第10行的锁针上成束挑针钩织。

　　　　长长针是将第8~10行倒向后面，在第7行的针脚与针脚之间挑针钩织。

第12行… ✕ 是在第9行的锁针上成束挑针钩织。

第14行…变化的5针长针的枣形针是将第12、13倒向后面，在第11行的锁针上成束挑针钩织。

第15行…外钩长长针是在第11行的长长针根部挑针钩织。

第17行…外钩长针是在第14行"变化的5针长针的枣形针"里挑针钩织。

14、15 配色表

行数	14	15
17	米白色	米白色
16	苔绿色	嫩绿色
15	开心果绿	浅灰色
14	橄榄绿	紫色
13	开心果绿	浅灰色
12	苔绿色	嫩绿色
10、11	米白色	米白色
9	莓红色	群青色
8	紫红色	藏青色
7	开心果绿	浅灰色
6	橄榄绿	紫色
5	米白色	米白色
4	莓红色	群青色
3	苔绿色	嫩绿色
2	开心果绿	浅灰色
1	莓红色	群青色

18、19、20　图片 p.14　尺寸 18直径20cm，19直径15cm，20直径10cm

18 [材料] DARUMA iroiro ／米白色（1）…10g，蘑菇白（2）、沙米色（9）…各4g，开心果绿（28）、奶酪黄（33）…各3g，嫩绿色（27）…2g

　[针] 钩针4/0号

19 [材料] DARUMA iroiro ／豆粉色（41）…6g，粉红色（42）…3g，蘑菇白（2）、开心果绿（28）、樱桃粉（38）…各2g，夜空蓝（17）…1g

　[针] 钩针4/0号

20 [材料] DARUMA iroiro ／红萝卜色（43）…5g，米白色（1）…2g，开心果绿（28）…1g

　[针] 钩针4/0号

18 配色表

行数	颜色
20	开心果绿
18、19	米白色
16、17	蘑菇白
15	奶酪黄
14	沙米色
13	嫩绿色
12	开心果绿
11	沙米色
1~10	米白色

19 配色表

行数	颜色
15	豆粉色
14	粉红色
13	蘑菇白
12	夜空蓝
11	开心果绿
7~10	豆粉色
5、6	粉红色
1~4	樱桃粉

20 配色表

行数	颜色
12	开心果绿
11	米白色
1~10	红萝卜色

18、19、20 的钩织方法

※分别参照18、19、20 的配色表钩织。

※18钩织至第20行，19钩织至第15行，20钩织至第12行。

第3行…在第2行的锁针上成束挑针钩织。

第4行…将第3行倒向前面，长针是在第1行的短针里挑针钩织。

第5行…在第4行的锁针上成束挑针钩织。

第6行…将第5行倒向前面，外钩长针是在第2行的短针根部挑针钩织。

第7行…在第6行的锁针上成束挑针钩织。

第8行…将第5~7行倒向前面，长针是在第4行的长针里挑针钩织。

第9行…在第8行的锁针上成束挑针钩织。

第10行…将第9行倒向前面，长针是在第8行的长针里挑针钩织，短针是在第8行的锁针上成束挑针钩织。

第11行…前一行的挑针是锁针时，成束挑针钩织。● 的引拔针全部在第10行的短针里挑针钩织。

第12行…前一行的挑针是锁针时，成束挑针钩织。

第13~15行…在前一行的锁针上成束挑针钩织。

第16行…将第15行倒向前面，长针是在第15行短针的反面针脚里挑针钩织。

第17行…在第16行的锁针上成束挑针钩织。

第18行…将第17行倒向前面，短针是在第16行的长针里挑针钩织。

第19行…在第18行的锁针上成束挑针钩织。

第20行…外钩短针是在第18行的短针根部挑针钩织。

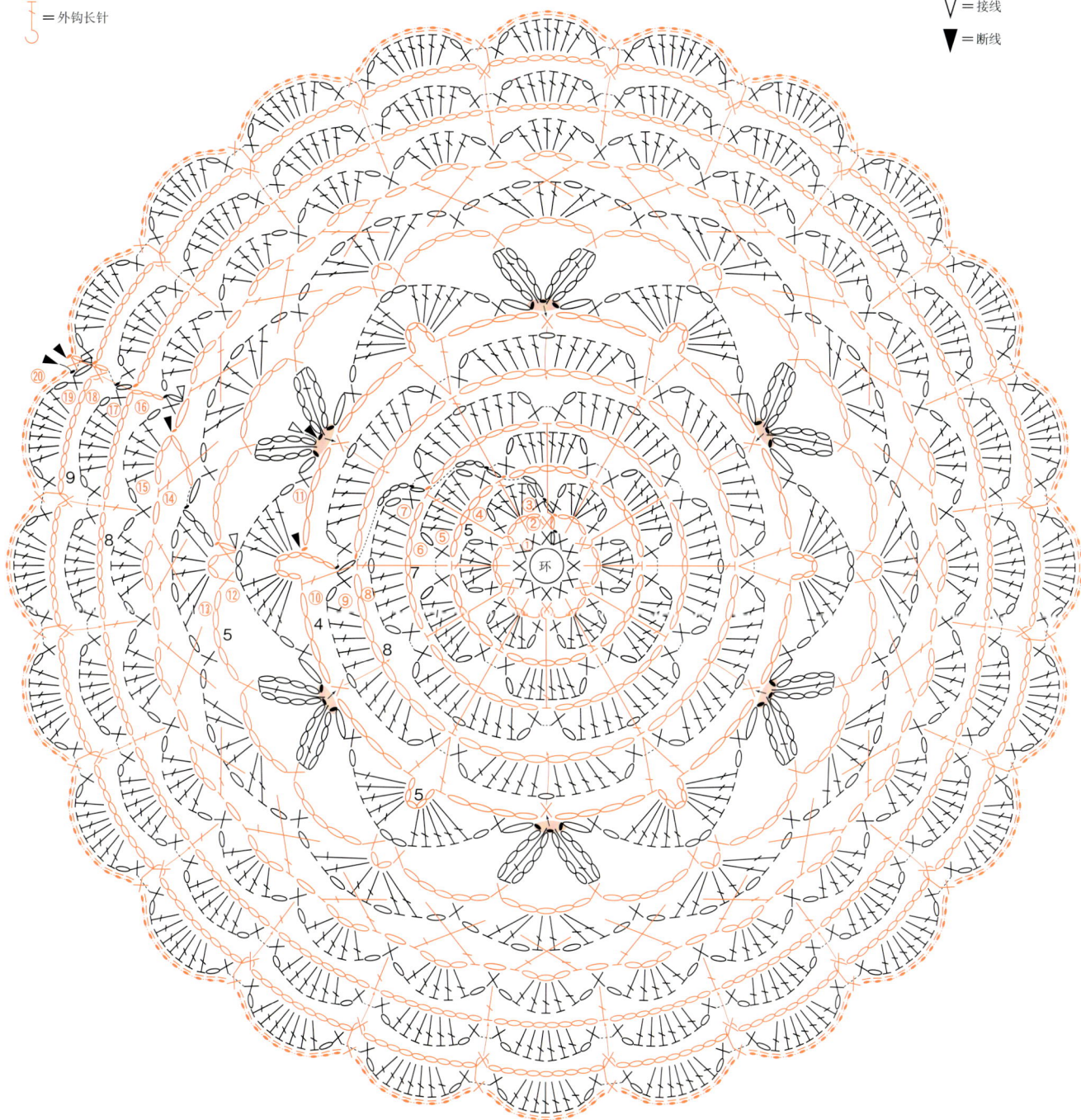

花样

18　第1~20行
19　第1~15行
20　第1~12行

= 引拔针的条纹针

X · X = 外钩短针

= 外钩长针

▽ = 接线

▼ = 断线

环

16、17 图片 p.13 尺寸 直径15cm

16 [材料] DARUMA iroiro／米白色（1）…4g，沙米色（9）、
　　　巧棕色（11）…各3g，苔绿色（24）、开心果绿（28）…
　　　各2g，浅橘色（34）…1g
　　[针] 钩针4/0号
17 [材料] DARUMA iroiro／莓红色（44）…4g，紫色（46）、
　　　浅灰色（50）…各3g，嫩绿色（27）、粉红色（42）…各
　　　2g，米白色（1）…1g
　　[针] 钩针4/0号

16、17 配色表

行数	16	17
16	米白色	莓红色
15	苔绿色	嫩绿色
14	巧棕色	紫色
13	沙米色	浅灰色
12	开心果绿	粉红色
11	浅橘色	米白色
10	苔绿色	嫩绿色
9	米白色	莓红色
8	巧棕色	紫色
7	沙米色	浅灰色
5、6	米白色	莓红色
4	巧棕色	紫色
3	开心果绿	粉红色
1、2	苔绿色	嫩绿色

16、17的钩织方法

※分别参照 16、17 的配色表钩织。

第3行…在第2行的锁针上成束挑针钩织。
第4行…将第3行倒向后面，引拔针是在第2行的针脚里挑针钩织，
　　　短针是在第3行的针脚里挑针钩织。
第5行…在第4行的锁针上成束挑针钩织。
第6行…长针是在第5行的针脚里挑针钩织，
　　　引拔针是将第5行倒向后面，在第4行的针脚里挑针钩织。
第7行…在第5行的锁针上成束挑针钩织。
第8行…前一行的挑针是锁针时，成束挑针钩织。
第9行…将第7、8行倒向后面，外钩长针和长针都是在第6行的针脚上挑针钩织。
第10行…将第9行倒向前面，X 是在第8行的锁针上成束挑针钩织。
第11行…将第9、10行倒向后面，5针长针的枣形针是在第8行的长针里挑针钩织。
第12行…将第10、11行倒向后面，外钩长针和长针都是在第9行的针脚上挑针钩织。
　　　前一行的挑针是锁针时，成束挑针钩织。
第13行…将第11、12行倒向后面，5针长针的枣形针是在第10行的短针里挑针钩织。
第14行…前一行的挑针是锁针时，成束挑针钩织。
第16行…外钩长针是在第11行和第13行的5针长针的枣形针上挑针钩织。

花样

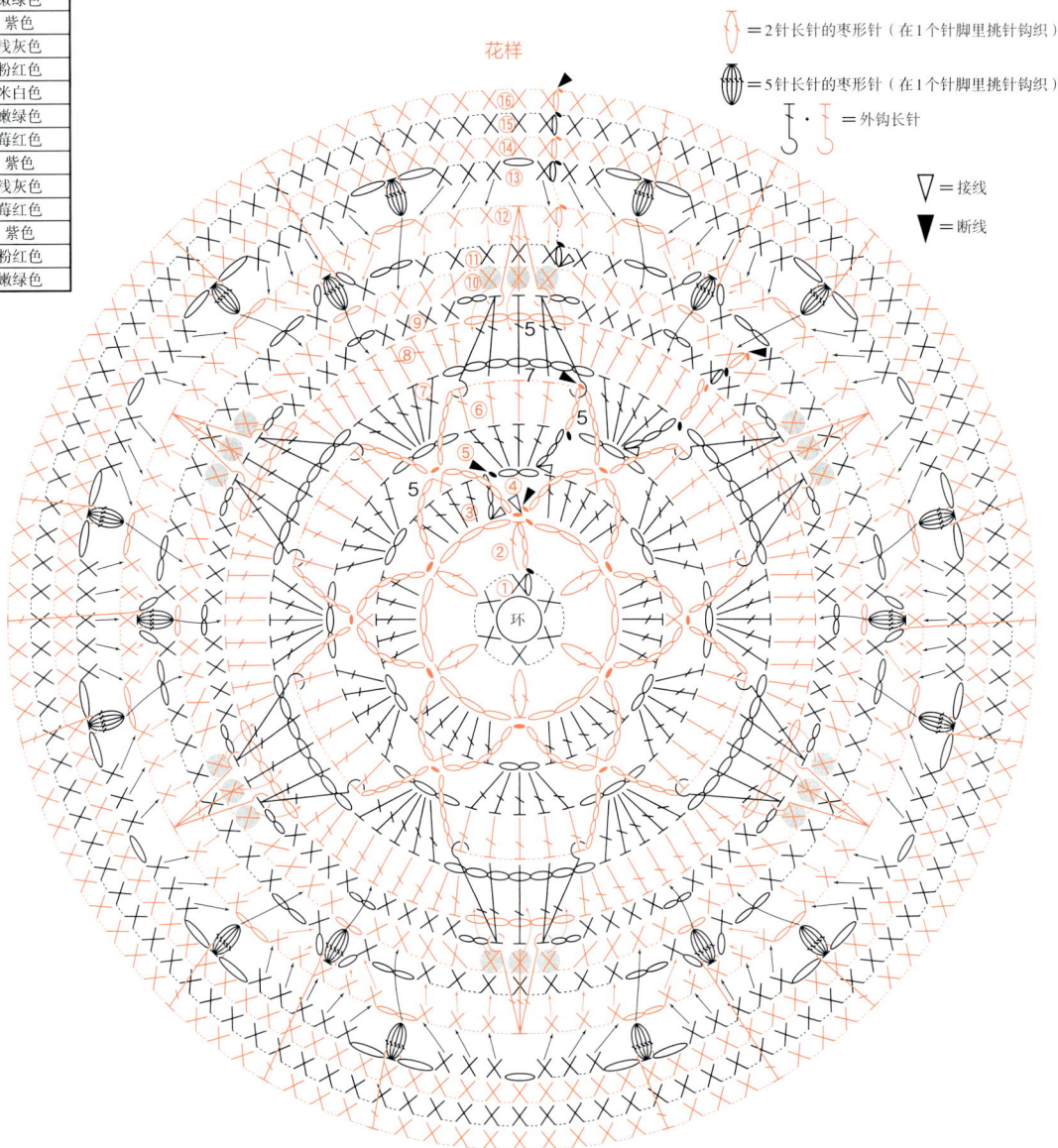

= 2针长针的枣形针（在1个针脚里挑针钩织）

= 5针长针的枣形针（在1个针脚里挑针钩织）

= 外钩长针

= 接线

= 断线

21、22

图片 **p.15** 重点教程 **p.34**

尺寸 直径 15cm

21 [材料] DARUMA iroiro ／开心果绿（28）…4g，
粉红色（42）…3g，蘑菇白（2）、砖红色（8）、樱
花粉（40）…各2g
[针] 钩针4/0号

22 [材料] DARUMA iroiro ／米白色（1）、蘑菇白
（2）、樱桃粉（38）…各3g，嫩绿色（27）、樱花粉
（40）…各2g
[针] 钩针4/0号

21、22的钩织方法

※ 按编织图 ❶~❷ 的顺序钩织。
※ 分别参照21、22 的配色表钩织。
※ 第8行的详细钩织方法参照p.34。
第3行…前一行的挑针是锁针时，成束挑针钩织。
第6行…在第5行的锁针上成束挑针钩织。
第7行…在第1行的锁针上成束挑针钩织。
第8行…在第2行的针脚里挑针钩织。
第9行…在第8行的锁针线环里成束挑针钩织。
第10行…前一行的挑针是锁针时，成束挑针钩织。
第11行…在第6行的锁针上成束挑针钩织，但是 ♡ 的5处是
在第10行的 ⌢ 以及第6行的锁针上一起成束挑针钩织。
第12行…在第11行的锁针上成束挑针钩织。
第13行…✕ 是包住第12行，在第11行的长针里挑针钩织。
⊗ 是包住第11、12行，在第6行的长针里挑针钩织。

❶ 花样　第1~6行
　　　　第11~13行

21、22 配色表

行数	21	22
13	开心果绿	米白色
12	蘑菇白	樱花粉
11	砖红色	嫩绿色
10	樱花粉	米白色
8、9	粉红色	蘑菇白
7	砖红色	嫩绿色
6	粉红色	蘑菇白
1~5	开心果绿	樱桃粉

=内钩长针

=2针长针的枣形针（在1个针脚里挑针钩织）

=8针锁针的狗牙针

=渡线

❷ 花样　第7~10行

▽=接线

▼=断线

23、24

图片　**p.16**　重点教程　**p.37~39**
尺寸　直径15cm

抱枕

图片　**p.17**　重点教程　**p.37~39**
尺寸　直径34cm

23 [材料]　和麻纳卡 Piccolo ／深藏青色（36）…5g，抹茶色（32）、浅紫色（49）…各3g，浅蓝色（12）、紫色（14）、深紫色（31）、深绿色（35）…各2g，玫粉色（5）、蓝色（13）、绿色（24）…各1g，荧光玫粉色（22）…少量
[针]　钩针3/0号

24 [材料]　和麻纳卡 Piccolo ／白色（1）…5g，深绿色（10）、浅黄色（41）…各3g，黄色（8）、黄绿色（9）、奶黄色（42）、水蓝色（43）…各2g，天蓝色（23）、金黄色（25）、荧光蓝绿色（57）…各1g，荧光橘黄色（51）…少量
[针]　钩针3/0号

抱枕 [材料]　和麻纳卡 Bonny ／灰黑色（613）…73g，灰绿色（494）…44g，酒红色（450）…35g，苔绿色（602）…34g，深红色（404）…29g，象牙白（417）…21g，红紫色（464）…13g，姜黄色（491）…12g，褐色（483）、天蓝色（603）…各9g，橘红色（414）…1g，填充棉…90g
[针]　钩针8/0号

23、24 配色表

行数	23	24
── 14 ──	深紫色 浅紫色 紫色	黄色 浅黄色 奶黄色
── 13	深绿色 蓝色	黄绿色 天蓝色
12	深藏青色	白色
11	抹茶色	深绿色
9、10	深藏青色	白色
8	浅蓝色	水蓝色
7	绿色	荧光蓝绿色
5、6	深藏青色	白色
4	玫粉色	金黄色
3	深藏青色	白色
2	荧光玫粉色	荧光橘黄色
1	深藏青色	白色

锅垫（前片）配色表

行数	颜色
15、16	灰绿色
── 14 ──	深红色 酒红色 红紫色
── 13	灰绿色 天蓝色
12	灰黑色
11	苔绿色
9、10	灰黑色
8	象牙白
7	褐色
5、6	灰黑色
4	姜黄色
3	灰黑色
2	橘红色
1	灰黑色

23、24 的钩织方法

※ 按编织图❶~❷的顺序钩织。

※ 分别参照23、24 的配色表钩织。

※ 第9行~第14行的详细钩织方法参照p.37~39。

第2行…在第1行的内侧半针里挑针钩织。

第3行…在第1行的外侧半针里挑针钩织。

第4行…在第3行的锁针上成束挑针钩织。

第5行…将第4行倒向后面，在第4行的锁针上成束挑针钩织。

第6行…在第5行的锁针上成束挑针钩织。

第7行…短针是将第6行倒向后面，在第5行的针脚里挑针钩织。外钩短针是在第6行的长针根部挑针钩织。

第8行… ┃ 的长针是在第6行的锁针（ ◠ ）上成束挑针钩织。

第9行…长针是包住第8行，在第6行的锁针（ ◠ ）上成束挑针钩织。5针长针的爆米花针是将第7行倒向前面，包住第8行，在第6行的针脚里挑针钩织。

第10行…在第9行的外侧半针里挑针钩织。

第11行…在第9行的内侧半针里挑针钩织。中途，在8处往返钩织制作叶子。

第12行…将第11行倒向前面，在第10行的针脚里挑针钩织。

第13行… ┳ 是在第11行的狗牙针部分成束挑针钩织。前一行的挑针是锁针时，成束挑针钩织。中途，一边换色一边包住渡线钩织。

第14行（花朵）…分别在第13行的8处 加入新线钩织。 是在第13行的中长针根部挑针钩织，♃ 是分开前一行的短针根部挑针钩织。

抱枕的钩织方法

① 主体参照图示，按 "23、24 的钩织方法" 相同要领钩织14行，接着钩织至第16行。
　第15行…将织片翻至反面，看着反面钩织。将第13、14行倒向后面，在第12行的锁针线环里成束挑针钩织。
　第16行…将织片翻回正面，看着正面钩织。前一行的挑针是锁针时，成束挑针钩织。

② 钩织完成后，将第14行的花瓣松松地缝在基底上，使花瓣不要翘起来。用相同方法钩织2片。

③ 衬垫参照图示钩织2行长针。用相同方法钩织2片。

④ 参照组合方法进行组合。

抱枕的衬垫

象牙白

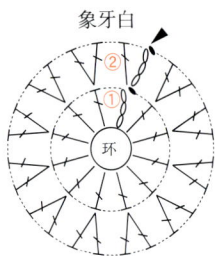

抱枕

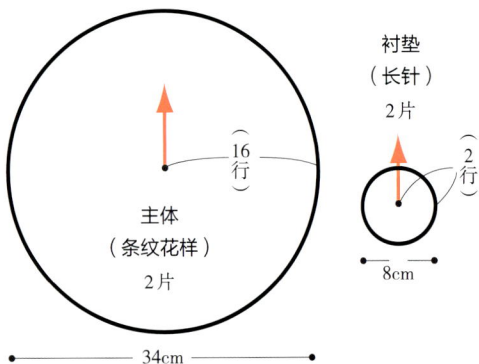

主体
（条纹花样）
2片

──── 34cm ────

衬垫
（长针）
2片

8cm

抱枕的组合方法

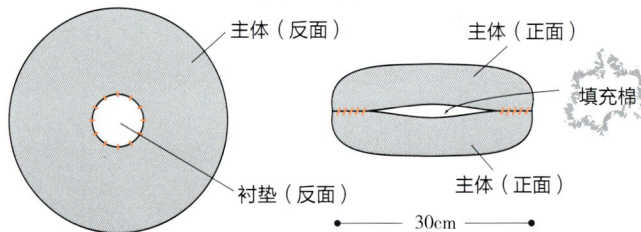

主体（反面）

衬垫（反面）

主体（正面）

填充棉

主体（正面）

──── 30cm ────

①将衬垫重叠在主体中心的反面，在周围缝合固定。

②将主体正面朝外重叠，在最后一行的针脚里做全针的卷针缝合。此时，一边缝合一边在中途塞入填充棉。

= 5针长针的爆米花针（在1个针脚里挑针钩织）

= 引拔针的条纹针

✕ = 短针的条纹针

✓ = 外钩短针

= 2针锁针的狗牙针

▽ = 接线

▼ = 断线

② 花样　第14行（花朵）

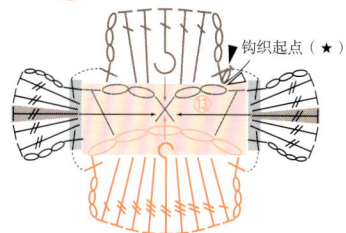

= 花朵的挑针位置
（第13行）

钩织起点（★）

① 花样

23、24　第1~14行

抱枕主体　第1~16行

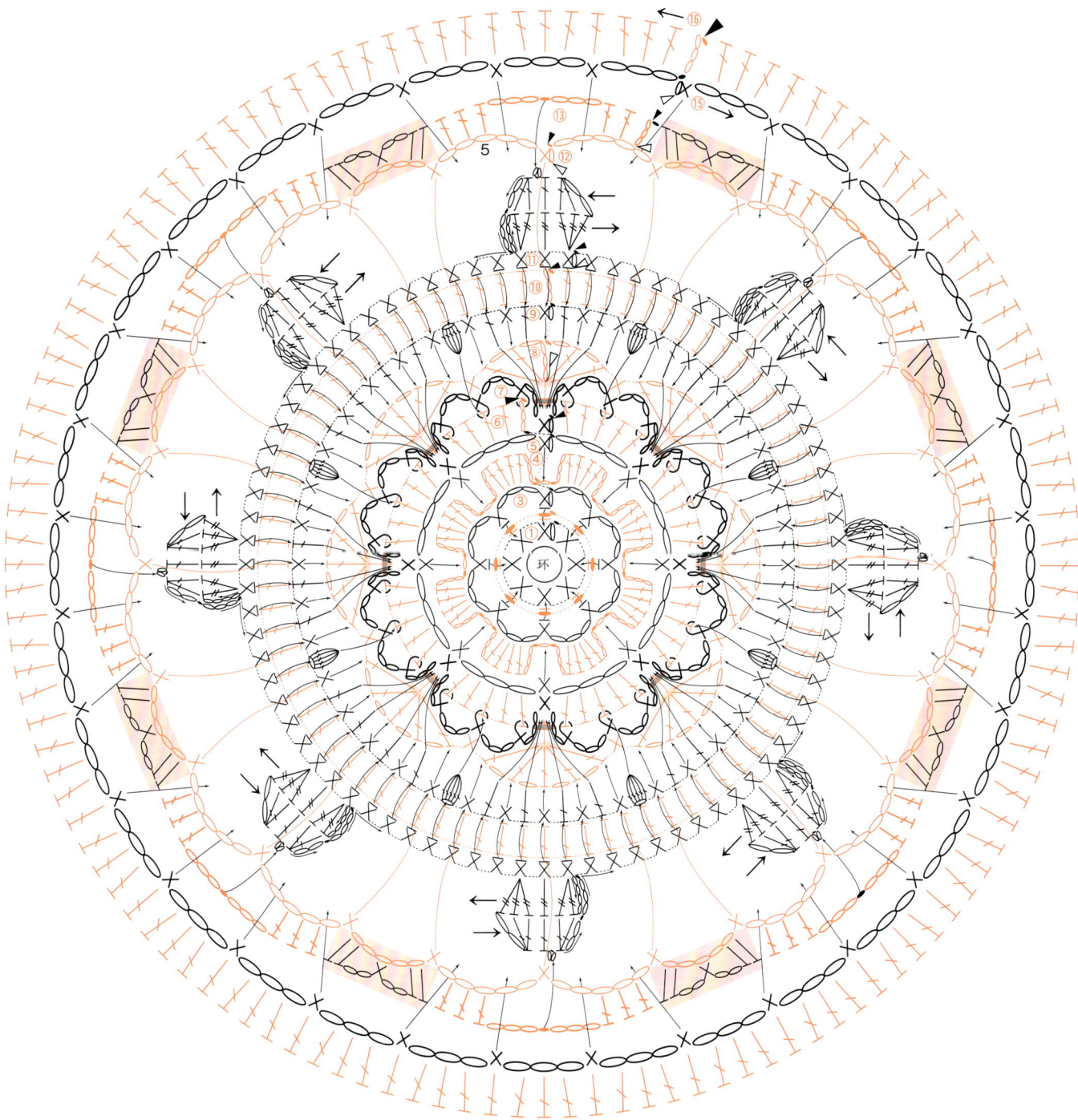

5

环

25、26

图片 **p.18** 重点教程 **p.39**

尺寸 直径15cm

25 [材料] DARUMA iroiro ／橙黄色（36）…7g，米白色（1）、
红色（37）…各3g，巧棕色（11）、夜空蓝（17）…各2g，柠
檬黄（31）…1g

[针] 钩针5/0号

26 [材料] DARUMA iroiro ／嫩绿色（27）…7g，草绿色（26）、
深灰色（48）…各3g，橄榄绿（25）、椒黄色（30）…各2g，
浅橘色（34）…1g

[针] 钩针5/0号

25、26的钩织方法

※分别参照 25、26 的配色表钩织。

※第11行的详细钩织方法参照p.39。

第1行…从锁针 ● 开始钩织。

第2行… ⅩⅩ 是在第1行的针脚里挑针钩织，短针是在第1行的锁针上成束挑
针钩织。

第3、7行…横向渡线钩织配色花样。

第5~7行…在前一行的锁针上成束挑针钩织。

第10、11行…第10行的 ▽ 和第11行的 ● 参照下图钩织。

第12行… Ⅴ 是在第10行的长针里挑针钩织，其他是在第10行的锁针上成束
挑针钩织。

第14~16行…前一行的挑针是锁针时，成束挑针钩织。

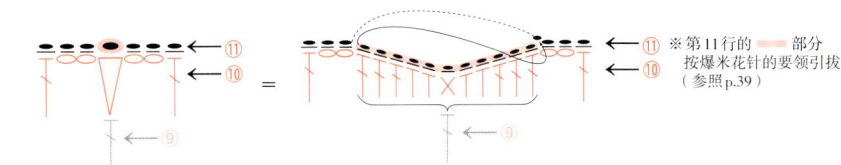

※第11行的 ▬ 部分
按爆米花针的要领引拔
（参照p.39）

花样

▽ =接线

▼ =断线

25、26 配色表		
行数	25	26
17	红色	草绿色
16	橙黄色	嫩绿色
15	米白色	深灰色
14	夜空蓝	椒黄色
13	巧棕色	橄榄绿
12	橙黄色	嫩绿色
11	米白色	深灰色
10	橙黄色	嫩绿色
9	巧棕色	橄榄绿
8	红色	草绿色
7	柠檬黄 橙黄色	浅橘色 嫩绿色
6	夜空蓝	椒黄色
5	米白色	深灰色
4	夜空蓝	椒黄色
3	米白色 夜空蓝	深灰色 椒黄色
1、2	夜空蓝	椒黄色

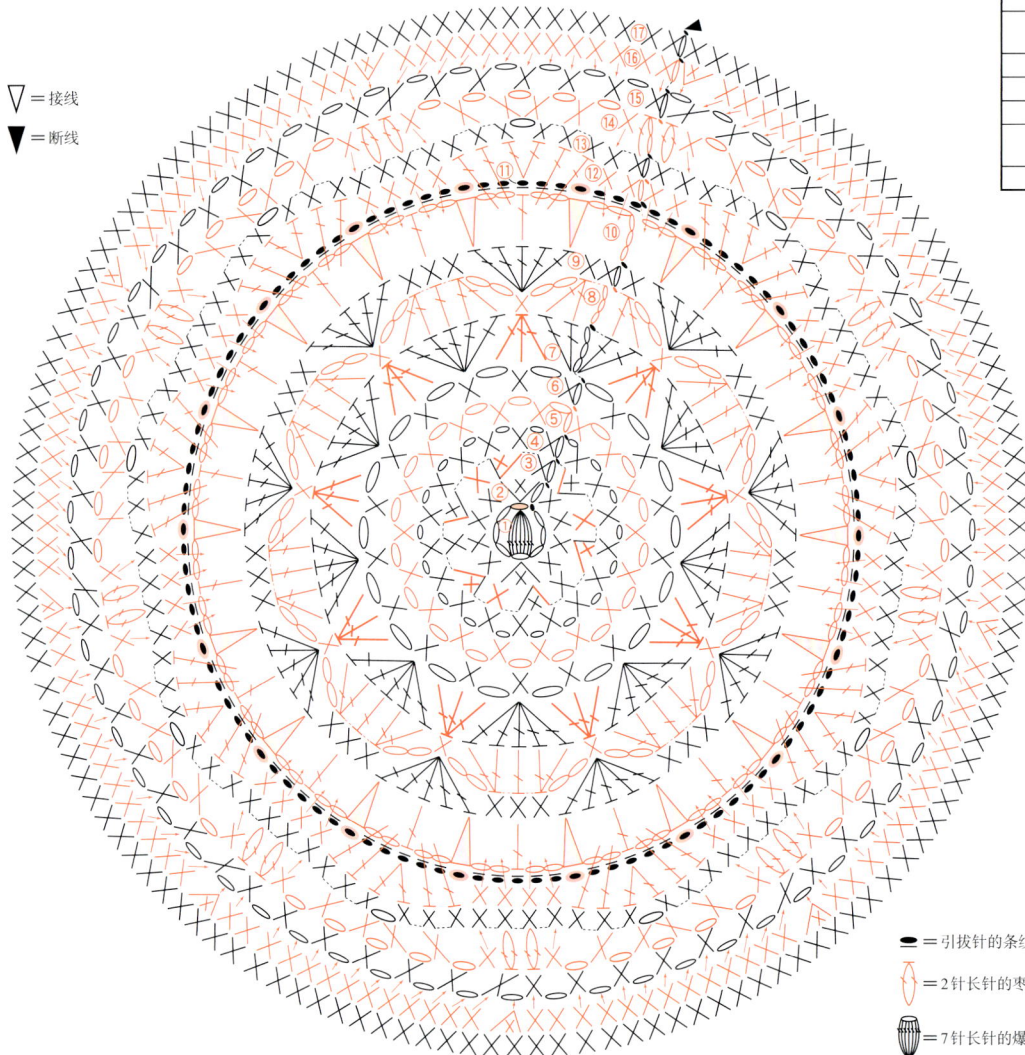

Ⅴ = ⅩⅩ

Ⅴ = ⅩⅩ

● =引拔针的条纹针

= 2针长针的枣形针（在1个针脚里挑针钩织）

= 7针长针的爆米花针（在1个针脚里挑针钩织）

27、28

图片 p.19 尺寸 直径15cm

27 [材料] DARUMA iroiro ／橙黄色（36）…4g，柠檬
黄（31）、樱桃粉（38）…各3g，苔绿色（24）…2g
[针] 钩针5/0号

28 [材料] DARUMA iroiro ／红萝卜色（43）…4g，苏
打蓝（22）、樱花粉（40）…各3g，紫色（46）…2g
[针] 钩针5/0号

27、28的钩织方法

※ 分别参照27、28的配色表钩织。

第2行…分开第1行的锁针挑针钩织。

第3行…长针是将第2行倒向后面，在第1行的针脚里挑针钩织。

第4行… 是包住第3行的锁针，在第2行的针脚里挑针钩织。

第5行… 是将第4行倒向后面，在第3行的针脚里挑针钩织。

第6行… 是在第4、5行的锁针线环里成束挑针钩织。

是将第4、5行的锁针线环倒向后面，在第3行的针脚里挑针钩织。

第8行…前一行的挑针是锁针时，成束挑针钩织。

第9行…前一行的挑针是锁针时，成束挑针钩织。

是在第6行的爆米花针头部成束挑针钩织。

第10~12行…在前一行的锁针上成束挑针钩织。

=4针长长针的爆米花针（在1个针脚里挑针钩织）

=4针长针的爆米花针（成束挑针钩织）

=长针的条纹针

=外钩长长针

▽ =接线

▼ =断线

27、28 配色表

行数	27	28
12	苔绿色	紫色
11	橙黄色	红萝卜色
10	樱桃粉	樱花粉
9	柠檬黄	苏打蓝
8	橙黄色	红萝卜色
7	樱桃粉	樱花粉
6	柠檬黄	苏打蓝
5	苔绿色	紫色
4	橙黄色	红萝卜色
3	苔绿色	紫色
2	橙黄色	红萝卜色
1	苔绿色	紫色

花样

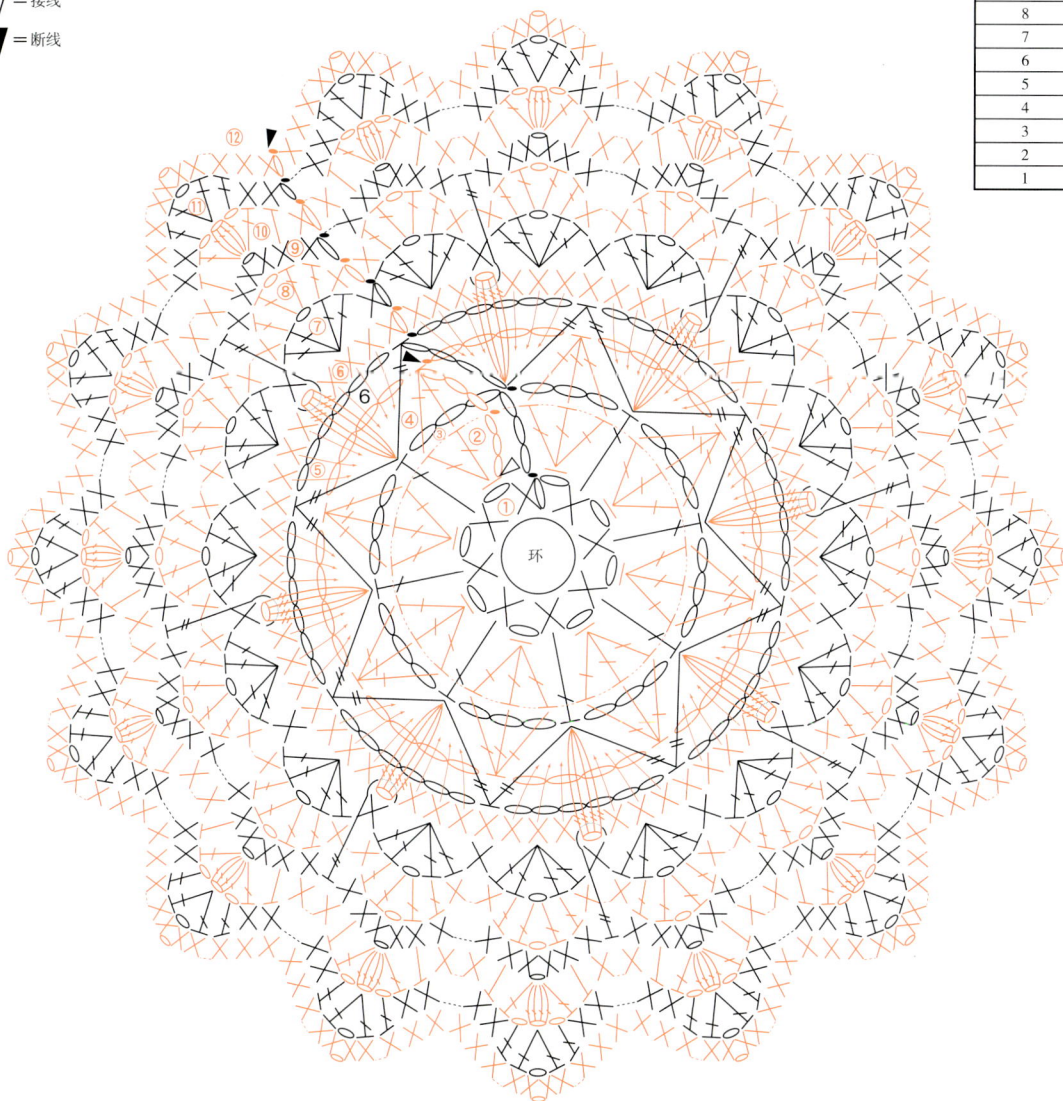

31、32　图片 **p.21**　尺寸　直径15cm

31 [材料]　DARUMA iroiro ／柠檬黄（31）…4g, 苏打蓝（22）、
　　　橄榄绿（25）、橘粉色（39）…各2g, 椒黄色（30）、奶酪黄
　　　（33）…各1g
　　[针]　钩针5/0号

32 [材料]　DARUMA iroiro ／紫红色（45）…4g, 粉红色（42）、
　　　红萝卜色（43）、深灰色（48）…各2g, 樱桃粉（38）、樱花
　　　粉（40）…各1g
　　[针]　钩针5/0号

=2针长针的枣形针（在1个针脚里挑针钩织）

=7针长针的爆米花针（成束挑针钩织）

=8针长针的爆米花针（在1个针脚里挑针钩织）

=外钩长针

=内钩长针

=外钩短针

∇=接线

▼=断线

花样

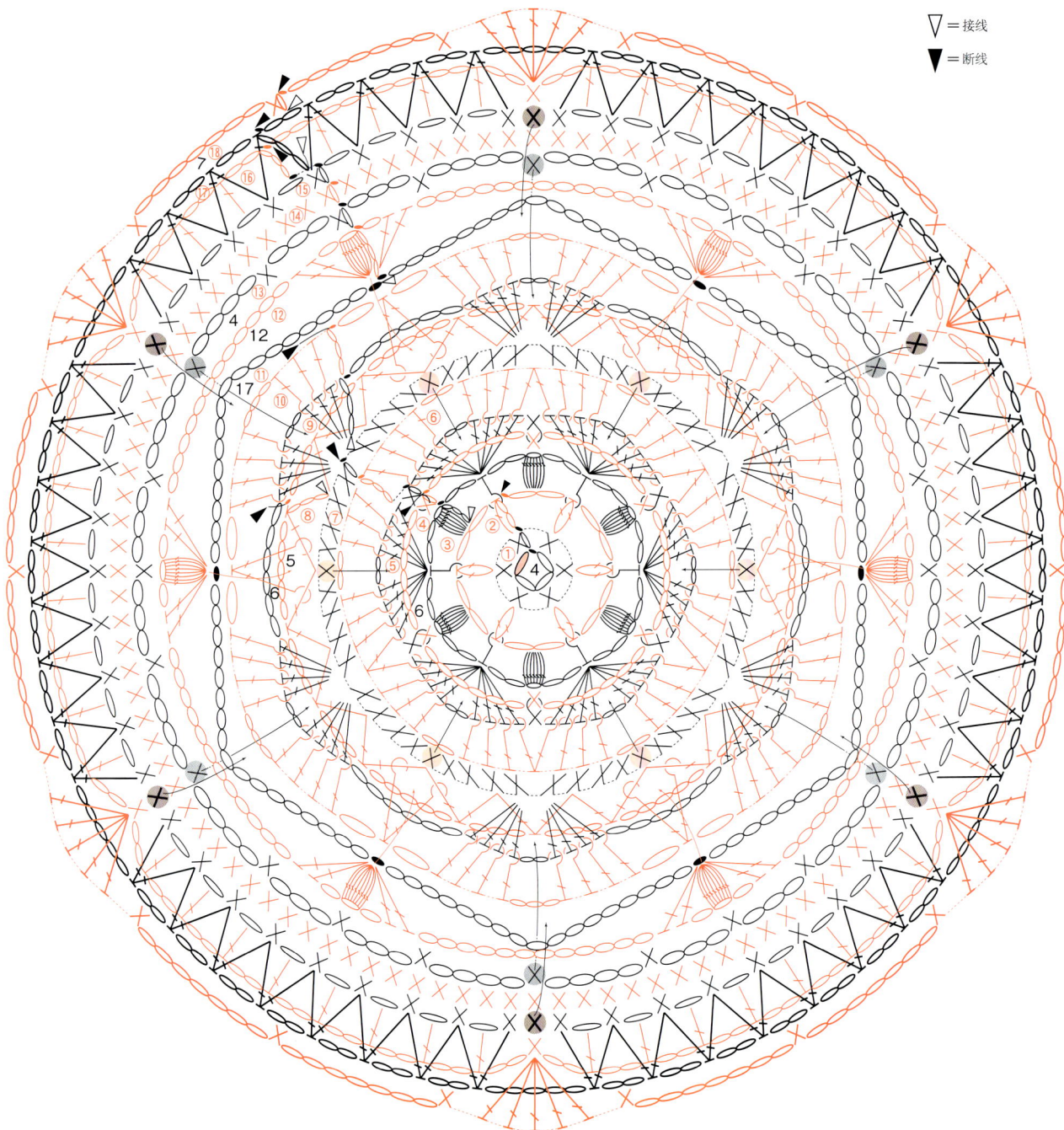

60

31、32的钩织方法

※分别参照 31、32 的配色表钩织。

第1行…从锁针 ⬭ 开始钩织。短针是在起针的锁针上成束挑针钩织。

第3行… 是在前一行的锁针线环里成束挑针钩织。

第5行…长针是将第4行倒向前面，在第3行的针脚里挑针钩织。

第7行…前一行的挑针是锁针时，成束挑针钩织。✕ 是在第5、6行的锁针上一起成束
挑针钩织。

第9行…长针是包住第8行的锁针线环以及长针的根部钩织。

第10行… 是将第9行倒向后面，在第8行的长针根部挑针钩织。

第11行…引拔针是在 的根部成束挑针钩织。

第12行…将第10、11行倒向前面，在第8、9行的锁针线环里成束挑针钩织。

第13行…前一行的挑针是锁针时，成束挑针钩织。✕ 是将第10、11行的锁针倒向前面，
包住第12行的锁针线环，在第9行的锁针上成束挑针钩织。

第14行…前一行的挑针是锁针时，成束挑针钩织。

第15行…✕ 的短针是在第11、12行的锁针线环里一起成束挑针钩织。

第16行…前一行的挑针是锁针时，成束挑针钩织。

第17行…Ｘ 是包住第16行的锁针线环，在第15行的针脚里挑针钩织。

第18行… 是包住第17行的锁针线环，在第16行的针脚里挑针钩织。
短针是在第17行的锁针上成束挑针钩织。

31、32 配色表

行数	31	32
18	柠檬黄	紫红色
17	椒黄色	樱桃粉
15、16	柠檬黄	紫红色
13、14	橄榄绿	深灰色
12	苏打蓝	粉红色
11	柠檬黄	紫红色
10	橘粉色	红萝卜色
9	奶酪黄	樱花粉
8	苏打蓝	粉红色
7	橘粉色	红萝卜色
6	柠檬黄	紫红色
5	橄榄绿	深灰色
4	橘粉色	红萝卜色
3	柠檬黄	紫红色
2	苏打蓝	粉红色
1	橘粉色	红萝卜色

29、30　图片 **p.20**　尺寸　直径15cm

29 [材料] DARUMA iroiro ／牛仔蓝（18）…5g，藏青色（12）、夜空蓝（17）、
水蓝色（20）…各4g，米白色（1）…1g
[针] 钩针 5/0号

30 [材料] DARUMA iroiro ／蜜橘色（35）…5g，椒黄色（30）、酸橙黄（32）、
橘粉色（39）…各4g，米白色（1）…1g
[针] 钩针 5/0号

29、30 配色表

行数	29	30
23	水蓝色	酸橙黄
22	藏青色	橘粉色
20、21	牛仔蓝	蜜橘色
16~19	夜空蓝	椒黄色
15	藏青色	橘粉色
14	米白色	米白色
12、13	水蓝色	酸橙黄
11	藏青色	橘粉色
8~10	牛仔蓝	蜜橘色
7	米白色	米白色
6	水蓝色	酸橙黄
5	夜空蓝	椒黄色
4	藏青色	橘粉色
3	牛仔蓝	蜜橘色
2	藏青色	橘粉色
1	牛仔蓝	蜜橘色

29、30的钩织方法

※分别参照 29、30 的配色表钩织。

第3行…在第2行的锁针上成束挑针钩织。

第4行…外钩长针是将第3行倒向后面，在第2行的短针根部挑针钩织。

第5行…长针是包住第4行的锁针线环钩织。

第6行…外钩长针是交替在第3行和第4行的根部挑针钩织。

第8行…在第7行的内侧半针里挑针钩织。

第11行…将第8~10行向前翻折，在第7行的外侧半针里挑针钩织。

第16行…在第15行的内侧半针里挑针钩织。

第19行…将第16~18行向前翻折，在第15行的外侧半针里挑针钩织。

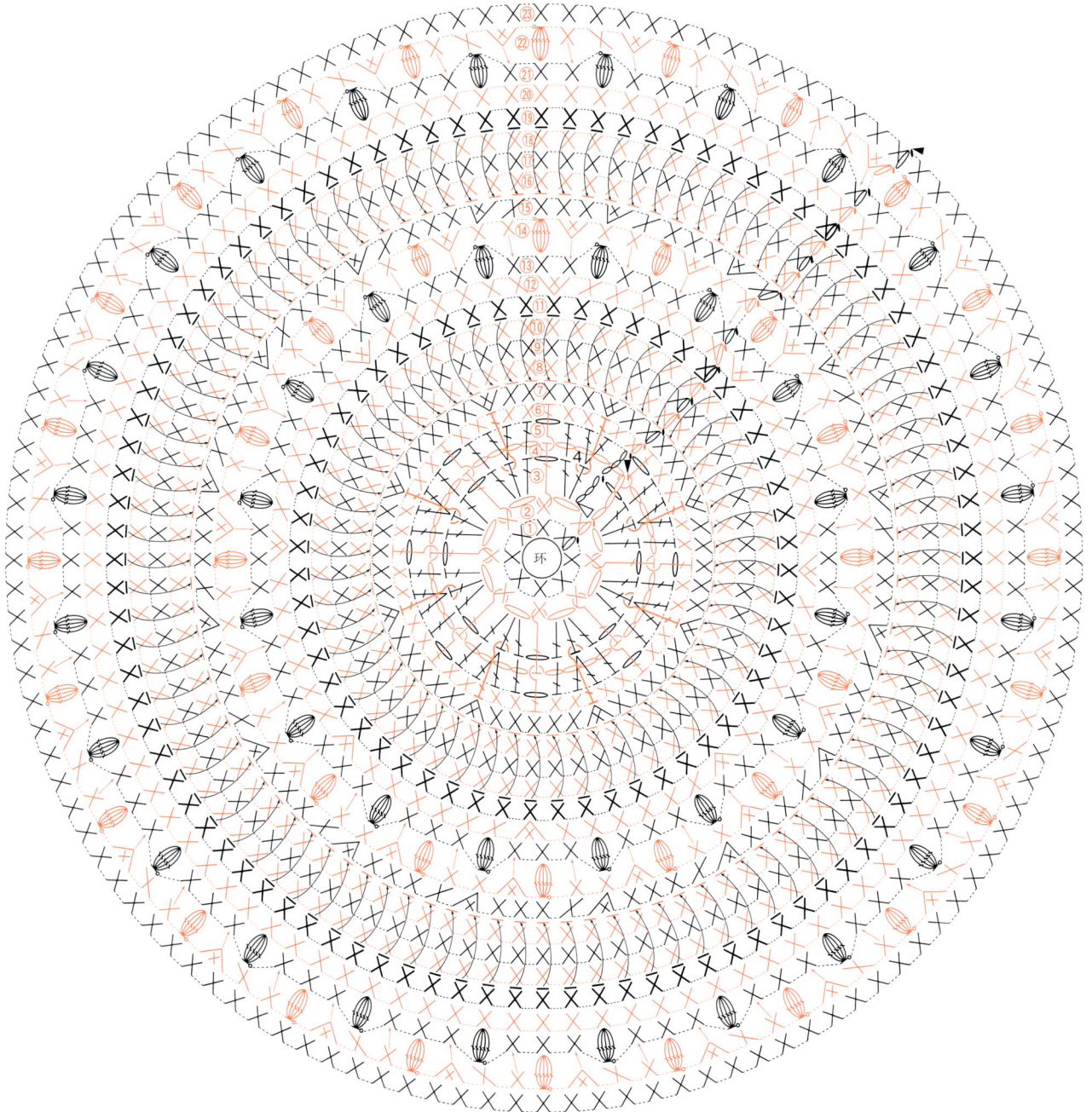

×・× =短针的条纹针

$\boxed{}$ =外钩长针

$\boxed{}$・$\boxed{}$ =5针长针的枣形针（在1个针脚里挑针钩织）+1针锁针

花样

▽ =接线

▼ =断线

环

33、34

图片 **p.22** 尺寸 直径15cm

33 [材料] 和麻纳卡 Piccolo／浅蓝绿色（48）、荧光蓝
　　　绿色（57）…各4g，白色（1）、金黄色（25）、奶黄
　　　色（42）…各3g，浅黄色（41）…1g
　　[针] 钩针4/0号

34 [材料] 和麻纳卡 Piccolo／紫色（14）、烟粉色
　　　（39）…各4g，深绿色（35）、浅桃红（46）、浅紫色
　　　（49）…各3g，原白色（2）…1g
　　[针] 钩针4/0号

33、34 配色表

行数	33	34
13	白色	深绿色
12	浅蓝绿色	浅紫色
11	浅蓝绿色	浅紫色
10	白色	深绿色
9	浅蓝绿色	浅紫色
8	白色	深绿色
6、7	金黄色	烟粉色
4、5	奶黄色	浅桃红
1~3	浅黄色	原白色

33、34 的钩织方法

※分别参照33、34的配色表钩织。

第2、3行…在前一行的锁针上成束挑针钩织。

第4行…长长针是将第2、3行倒向前面，在第1行的锁针上成束挑针钩织。
　　　　外钩长长针是将第2、3行倒向后面，在第1行的长针根部挑针钩织。

第6行…外钩长长针是在第4行的外钩长长针的根部挑针钩织。

第7行…在第6行的锁针上成束挑针钩织。

第8行…✕是将第7行倒向后面，在第6行的针脚里挑针钩织。

第9行…短针是将第8行的3针锁针倒向前面，在第7行的长针里挑针钩织。
　　　　长长针是在第7行的锁针上成束挑针钩织。

第10行…⊗是在第8行的3针锁针上成束挑针钩织。

第11行…将第10行倒向前面，在第9行的长长针根部挑针钩织。

第12行…前一行的挑针是锁针时，成束挑针钩织。
　　　　（前一行的中长针也是在根部成束挑针钩织）

第13行…✕是在第10行的短针里挑针钩织。

= 外钩长长针的1针放2针（中间有2针锁针）

= 外钩长长针

= 内钩短针

▽ = 接线

▼ = 断线

花样

环

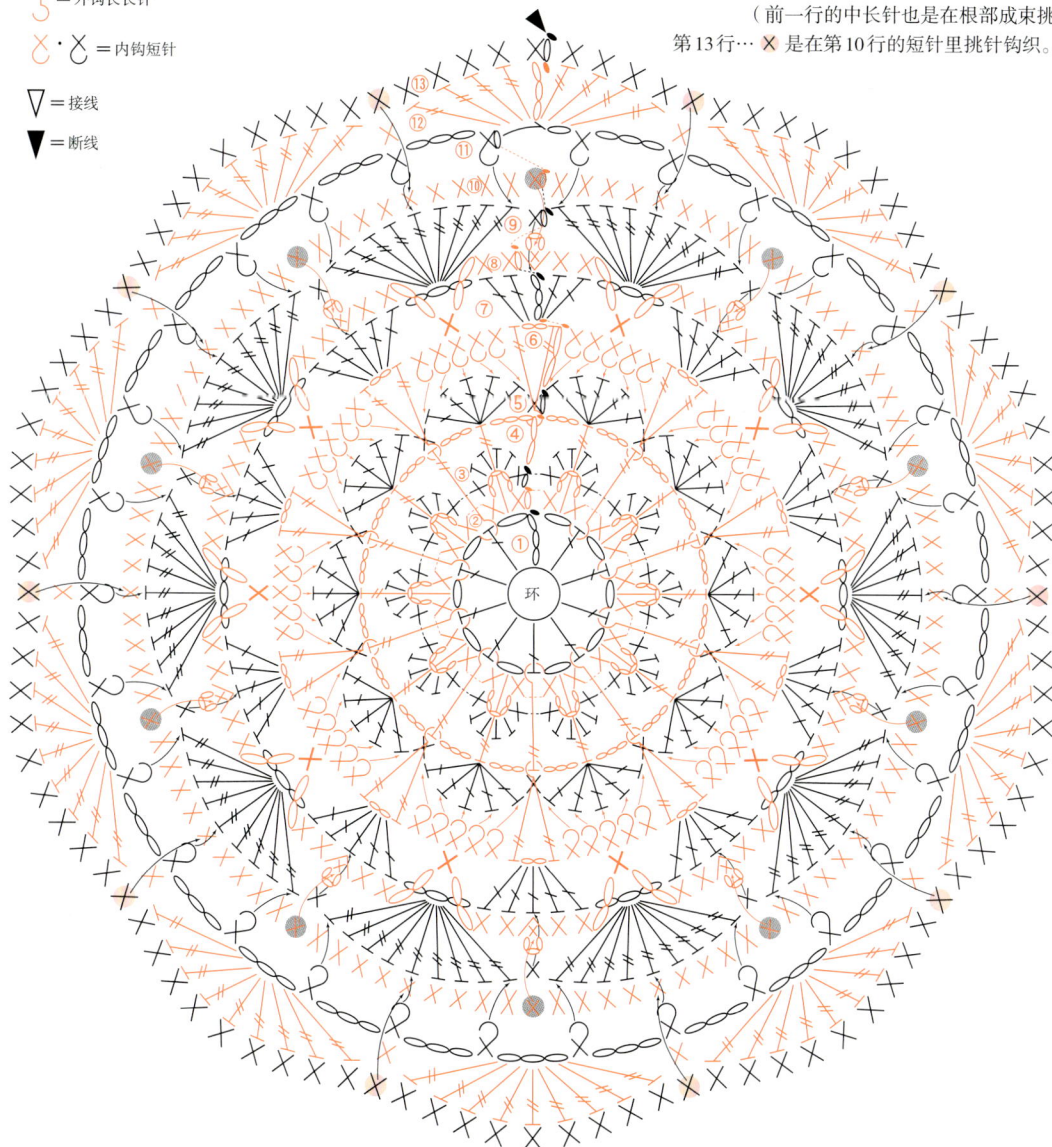

35、36　图片 **p.23**　尺寸　直径15cm

35 [材料]　和麻纳卡 Piccolo ／荧光黄绿色（56）…7g,
　　　金黄色（25）、荧光蓝绿色（57）…各3g
　　[针]　钩针4/0号
36 [材料]　和麻纳卡 Piccolo ／荧光黄绿色（56）…7g,
　　　浅蓝色（12）、浅米色（16）…各3g
　　[针]　钩针4/0号

35、36　配色表

行数	35	36
	金黄色	浅米色
	荧光蓝绿色	浅蓝色
	荧光黄绿色	荧光黄绿色

35、36的钩织方法

※分别参照35、36的配色表钩织。
第2~7行…按横向渡线钩织配色花样的要领，一边换色一边钩织（参照p.79）。
　　　　部分的长针是在前一行的针脚与针脚之间挑针钩织。
第9行…前一行的挑针是锁针时，成束挑针钩织。

花样

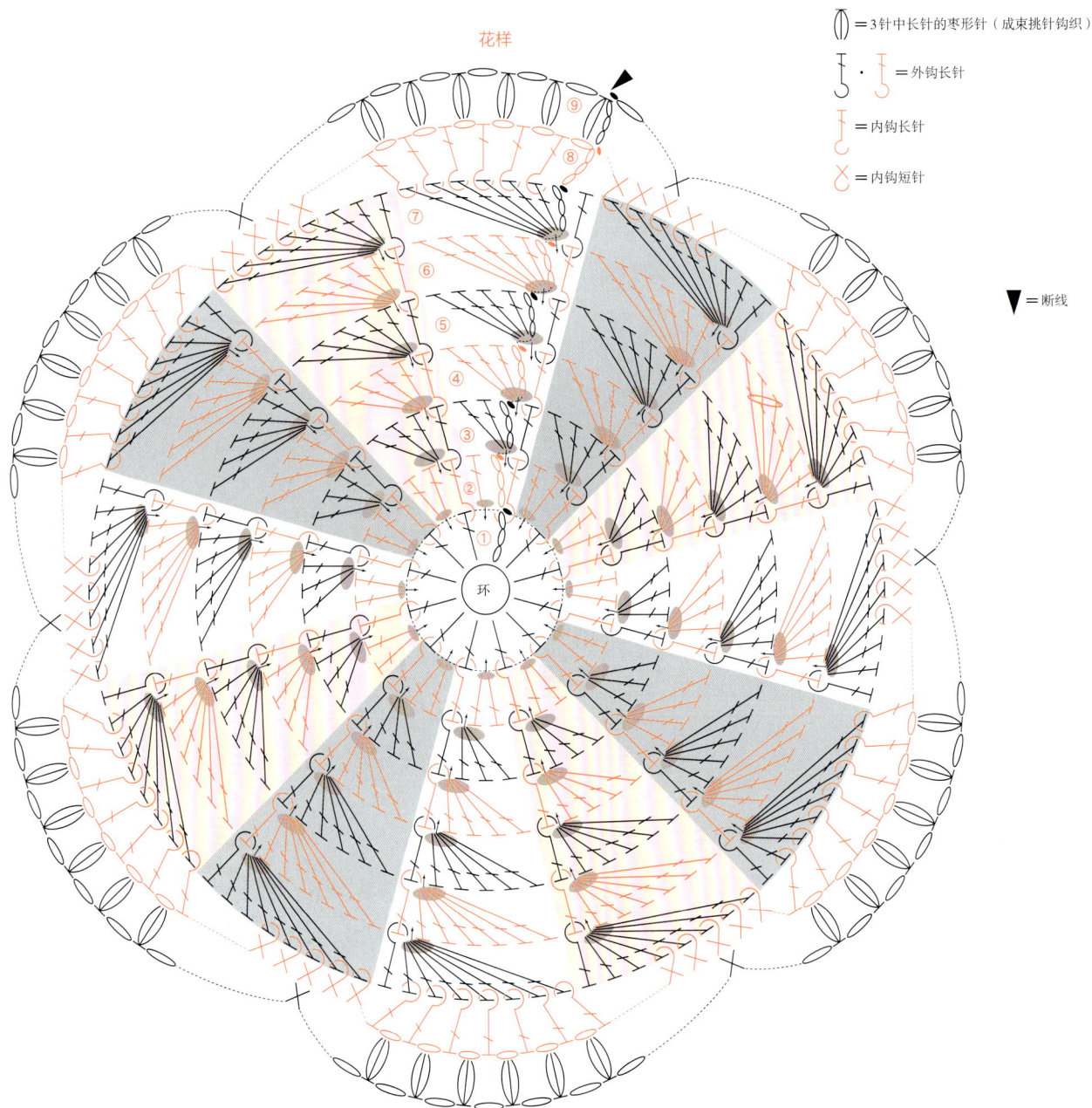

＝3针中长针的枣形针（成束挑针钩织）
＝外钩长针
＝内钩长针
＝内钩短针
▼＝断线

64

37、38、39　图片 **p.24**　尺寸　**37**直径20cm，**38**直径15cm，**39**直径10cm

收纳包　图片 **p.25**　尺寸　**a**直径10cm，**b**宽20cm、深10cm

37 [材料]　和麻纳卡 Piccolo ／橘黄色（7）…9g，金黄色
（25）…5g，翠蓝色（52）…3g，原白色（2）…2g
　　[针]　钩针4/0号

38 [材料]　和麻纳卡 Piccolo ／原白色（2）、烟粉色（39）…
各5g，浅灰色（33）…4g，黑色（20）…3g
　　[针]　钩针4/0号

39 [材料]　和麻纳卡 Piccolo ／水蓝色（43）、翠蓝色
（52）…各2g，原白色（2）、深藏青色（36）…各1g
　　[针]　钩针4/0号

收纳包a [材料]　和麻纳卡 Piccolo ／荧光蓝绿色（57）…
5g，原白色（2）…4g，黑色（20）…2g，浅蓝
绿色（48）…1g，直径10mm的纽扣…1颗
　　　　　[针]　钩针4/0号

收纳包b [材料]　和麻纳卡 Piccolo ／浅米色（16）、浅蓝
绿色（48）…各23g，30cm长的拉链…1根，手
缝线…适量
　　　　　[针]　钩针4/0号

37、38、39　配色表

行数	37	38	39
20	翠蓝色		
19	原白色		
18	金黄色		
17	橘黄色		
16	翠蓝色		
15	原白色	原白色	
14	橘黄色	烟粉色	
12、13	金黄色	浅灰色	
10、11	翠蓝色	黑色	
9	金黄色	浅灰色	
8	原白色	原白色	原白色
6、7	橘黄色	烟粉色	翠蓝色
5	金黄色	浅灰色	水蓝色
4	翠蓝色	黑色	深藏青色
2、3	原白色	原白色	原白色
1	翠蓝色	黑色	深藏青色

收纳包b　配色表

行数	颜色
20	浅蓝绿色
18、19	浅米色
16、17	浅蓝绿色
15	浅米色
14	浅蓝绿色
12、13	浅米色
11	浅蓝绿色
10	浅米色
9	浅蓝绿色
8	浅米色
6、7	浅蓝绿色
5	浅米色
3、4	浅蓝绿色
2	浅米色
1	浅蓝绿色

收纳包a　配色表

行数	颜色
扣襻	荧光蓝绿色
边缘钩织	黑色
8	原白色
6、7	荧光蓝绿色
5	浅蓝绿色
4	黑色
2、3	原白色
1	黑色

收纳包b

主体
（条纹花样）

20行

20cm

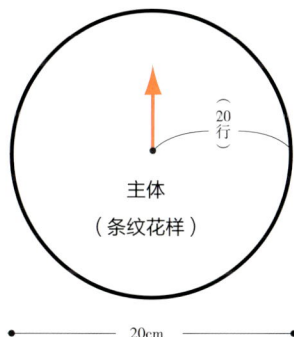

收纳包b
流苏的制作方法

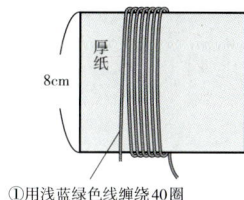

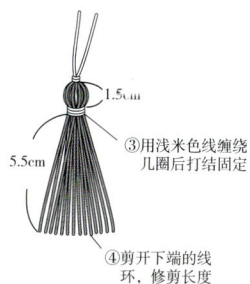

厚纸
8cm

①用浅蓝绿色线缠绕40圈

②取下厚纸，在线环中穿入
浅米色线，打上死结

1.5cm

5.5cm

③用浅米色线缠绕
几圈后打结固定

④剪开下端的线
环，修剪长度

收纳包b的组合方法

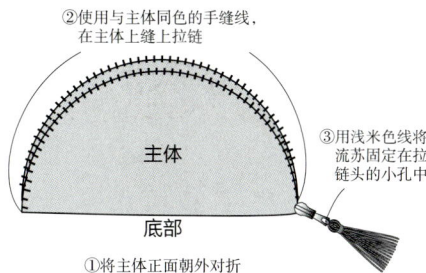

②使用与主体同色的手缝线，
在主体上缝上拉链

主体

底部

③用浅米色线将
流苏固定在拉
链头的小孔中

①将主体正面朝外对折

= 外钩长长针

= 内钩长针

= 内钩短针

● = 钩织扣襻的位置（后片）

= 缝纽扣的位置（前片）

收纳包a
主体

∇ = 接线
▼ = 断线

扣襻
包口
※包口的边缘是前、后片
分开来钩织

边缘钩织

环

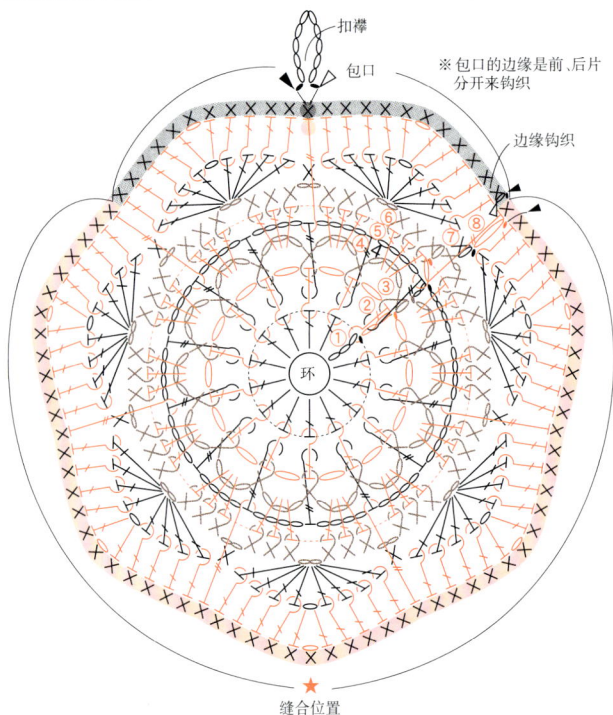

缝合位置
※除包口以外的边缘，将前、
后片重叠在一起挑针钩织

37、38、39的钩织方法

※分别参照37、38、39的配色表钩织。

※37钩织至第20行，38钩织至第15行，39钩织至第8行。

第4行…将第3行倒向后面，在第2行的内钩长针的根部挑针钩织。

第5行…将第4行倒向后面，在第3行的锁针上成束挑针钩织。

第6行…最后的短针是分开立起的锁针挑针钩织。

第7行…最初的短针是在前一行的短针根部挑针钩织。
　　　　长针是在第6行的锁针上成束挑针钩织。

第8行…外钩长长针是在第4行的外钩长长针的根部挑针钩织。
　　　　长针是在第7行的锁针上成束挑针钩织。

第9行…锁针是将第7、8行倒向前面钩织。

第10行…避开第9行的锁针，从前面在第8行的内钩长针的根部挑
　　　　针钩织。
　　　　最后的短针是分开立起的锁针挑针钩织。

第11行…最初的长针是在前一行的短针根部挑针钩织。

第12行…前一行的挑针是锁针时，成束挑针钩织。
　　　　外钩长长针是在第9行"外钩5针长针的爆米花针"的头
　　　　部挑针钩织。

第14行…外钩长长针是在第12行的针脚里挑针钩织。

第15行…将第14行的锁针倒向后面，在第13行的锁针上成束挑针
　　　　钩织。

第17行…外钩长长针的2针并1针是将第15、16行倒向后面，
　　　　在第14行的外钩长针的根部挑针钩织。

第18行…避开第17行的锁针，从前面挑针钩织。

第19行…前一行的挑针是锁针时，成束挑针钩织。

第20行…前一行的挑针是锁针时，成束挑针钩织。
　　　　外钩长针是将第17~19行倒向后面，在第16行的根部挑针
　　　　钩织。

收纳包b的钩织方法

※参照收纳包b的配色表钩织。

①主体参照"37的钩织方法"，按相同要领钩织。

②流苏参照图示制作。

③参照组合方法进行组合。

收纳包a的钩织方法

※参照收纳包a的配色表钩织。

①主体参照"39的钩织方法"，按相同要领钩织8行。用相同方法钩
　织2片。

②将2片主体正面朝外重叠，参照图示钩织1行边缘。

③参照组合方法进行组合。

收纳包a

包口
（23针）

主体
（条纹花样）
2片

8
行

（61针）
缝合位置

9.5cm

边缘钩织
起点

（边缘钩织）
0.25cm
（1行）

10cm

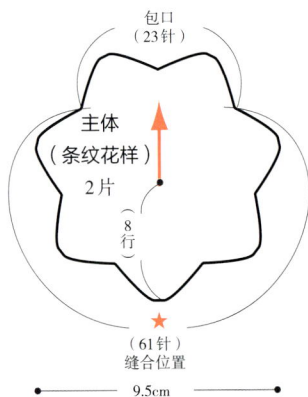

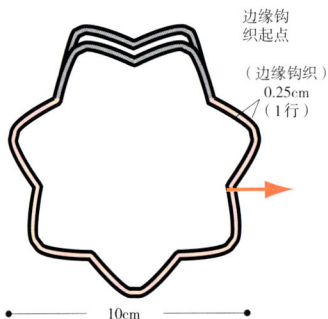

※边缘是从起点位置开始，
　先钩织主体（前片）的包口部分，
　接着与主体（后片）正面朝外重叠的状态下，
　在缝合位置的61针（★）里挑针钩织。
　再钩织主体（后片）的包口部分。

收纳包a的组合方法

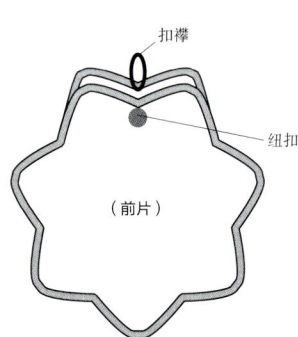

扣襻

纽扣

（前片）

※在主体（后片）指定位置的内侧钩织扣襻，
　在主体（前片）指定位置的外侧缝上纽扣。

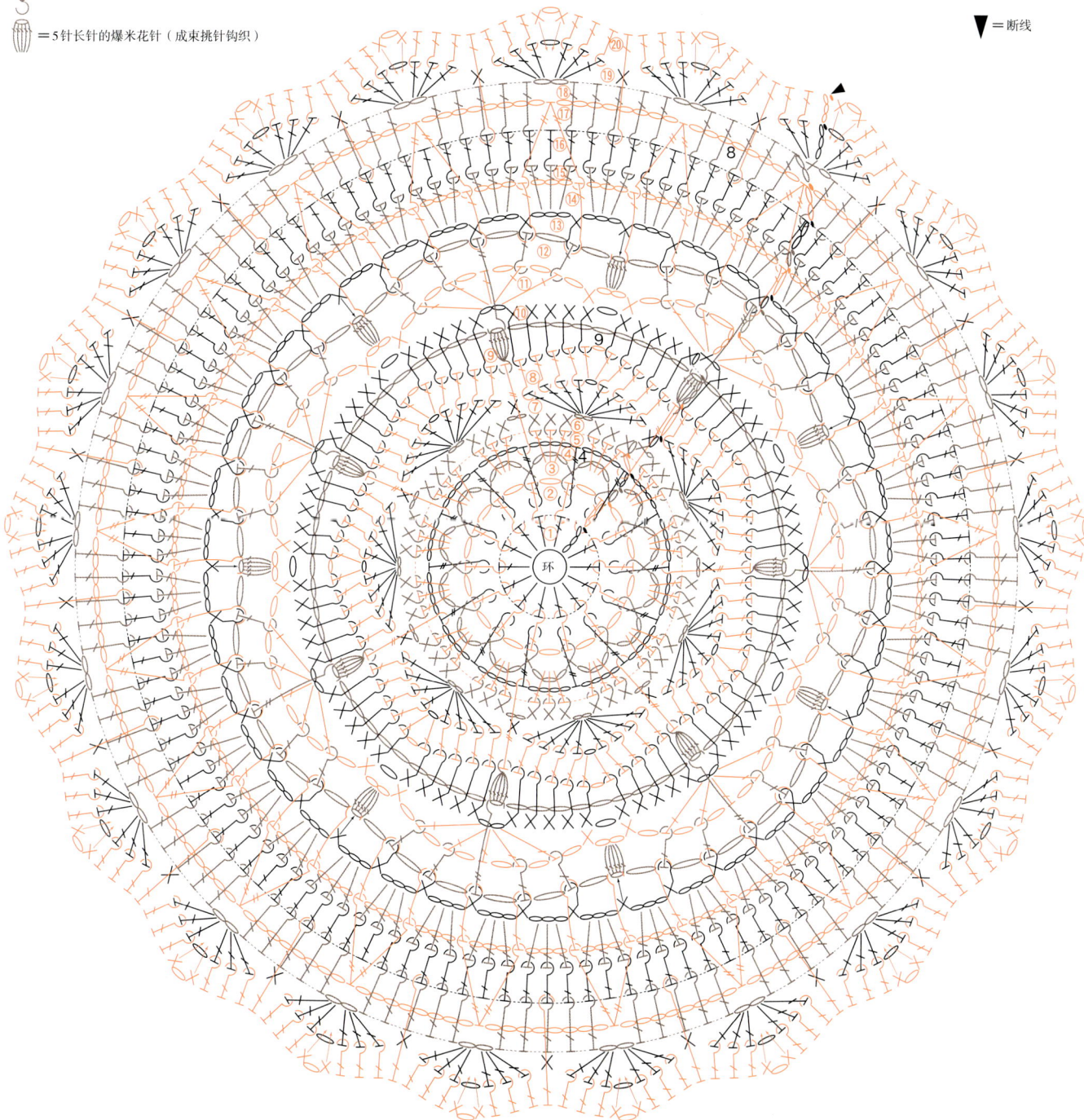

= 外钩长长针的2针并1针

= 外钩长长针

= 外钩长针

= 内钩长针

= 外钩短针

= 内钩短针

= 外钩5针长针的爆米花针

= 5针长针的爆米花针（成束挑针钩织）

花样

37　第1~20行
38　第1~15行
39　第1~8行
收纳包b　第1~20行

▼=断线

环

40、41　图片　**p.26**　尺寸　直径15cm

40 [材料]　DARUMA iroiro ／櫻花粉（40）…5g，藏青色（12）…4g，海藍色（19）…3g，群青色（13）、水藍色（20）…各2g，孔雀綠（16）…1g
[針]　鈎針5/0号

41 [材料]　DARUMA iroiro ／巧棕色（11）…5g，紅色（37）…4g，蜜橘色（35）…3g，櫻桃粉（38）、橘粉色（39）…各2g，橙黄色（36）…1g
[針]　鈎針5/0号

40、41　配色表

行数		40	41
11~18		櫻花粉	巧棕色
10		藏青色	紅色
9	—	群青色	櫻桃粉
	—	藏青色	紅色
8	—	群青色	櫻桃粉
	—	孔雀綠	橙黄色
7	—	海藍色	蜜橘色
	—	孔雀綠	橙黄色
6		海藍色	蜜橘色
5	—	海藍色	蜜橘色
	—	水藍色	橘粉色
4	—	櫻花粉	巧棕色
	—	水藍色	橘粉色
1~3		水藍色	橘粉色

❶ 花样　第1~10行
　　　　　第17、18行

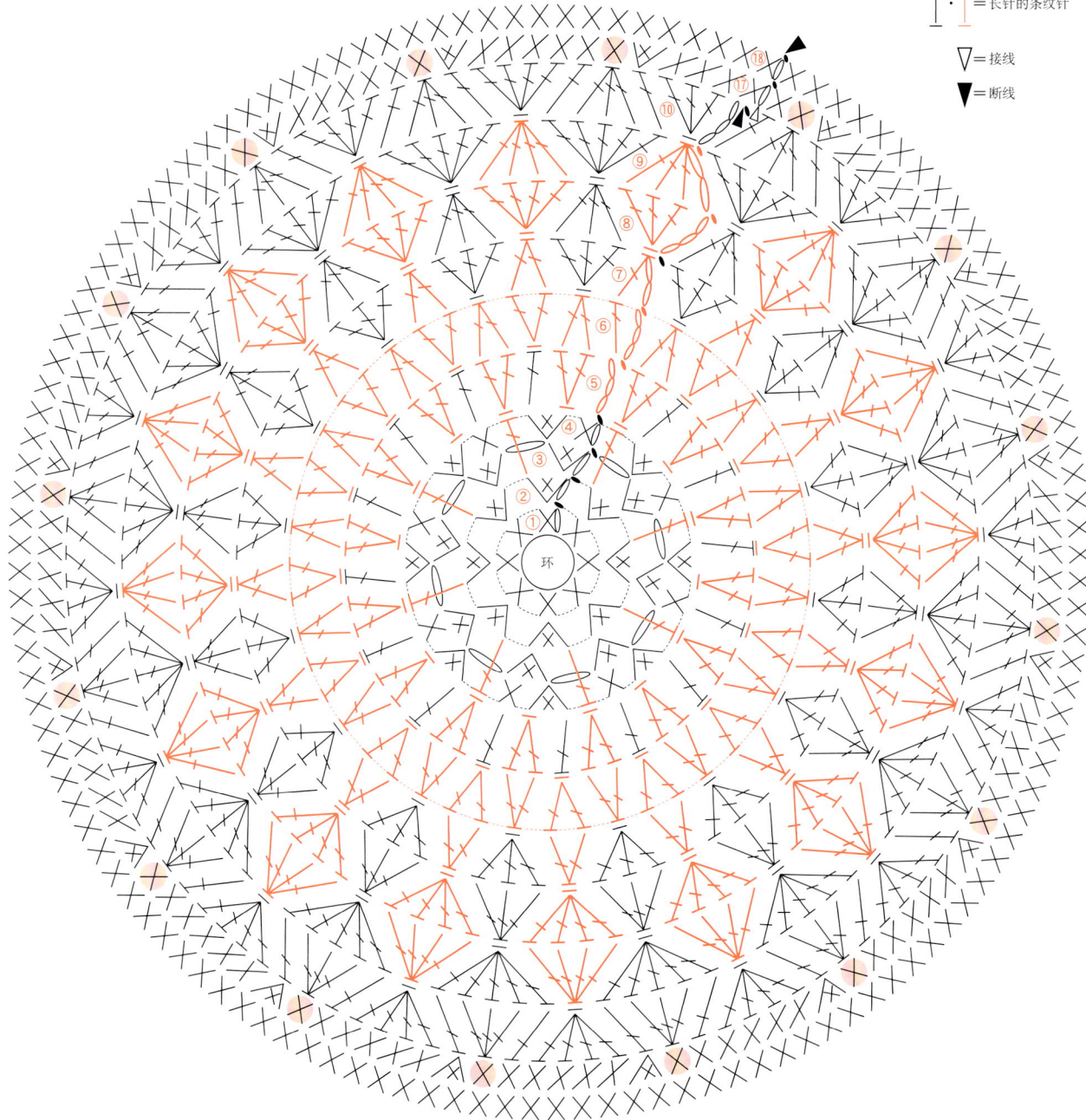

＝长针的条纹针

▽＝接线

▼＝断线

68

40、41的钩织方法

※按编织图 **❶~❷** 的顺序钩织。

※分别参照40、41的配色表钩织。

第4行…┳是包住第3行的锁针，在第2行的针脚里挑针钩织。

第4、5、7~9行…按横向渡线钩织配色花样的要领，一边换色一边钩织（参照p.79）。

第11行…引拔针是在第4行内侧剩下的半针里挑针钩织。

第12行…引拔针是在第11行的锁针线环里成束挑针，并在第5行内侧剩下的半针里挑针钩织。

第13行…引拔针是在第12行的锁针线环里成束挑针，并在第6行内侧剩下的半针里挑针钩织。

第14行…引拔针是在第13行的锁针线环里成束挑针，并在第7行内侧剩下的半针里挑针钩织。

第15行…引拔针是在第14行的锁针线环里成束挑针，并在第8行内侧剩下的半针里挑针钩织。

第16行…引拔针是在第15行的锁针线环里成束挑针，并在第9行内侧剩下的半针里挑针钩织。

第17行… ✕ 是在第10行的针脚以及第16行的锁针线环里成束挑针钩织。

❷ 花样 第11~16行

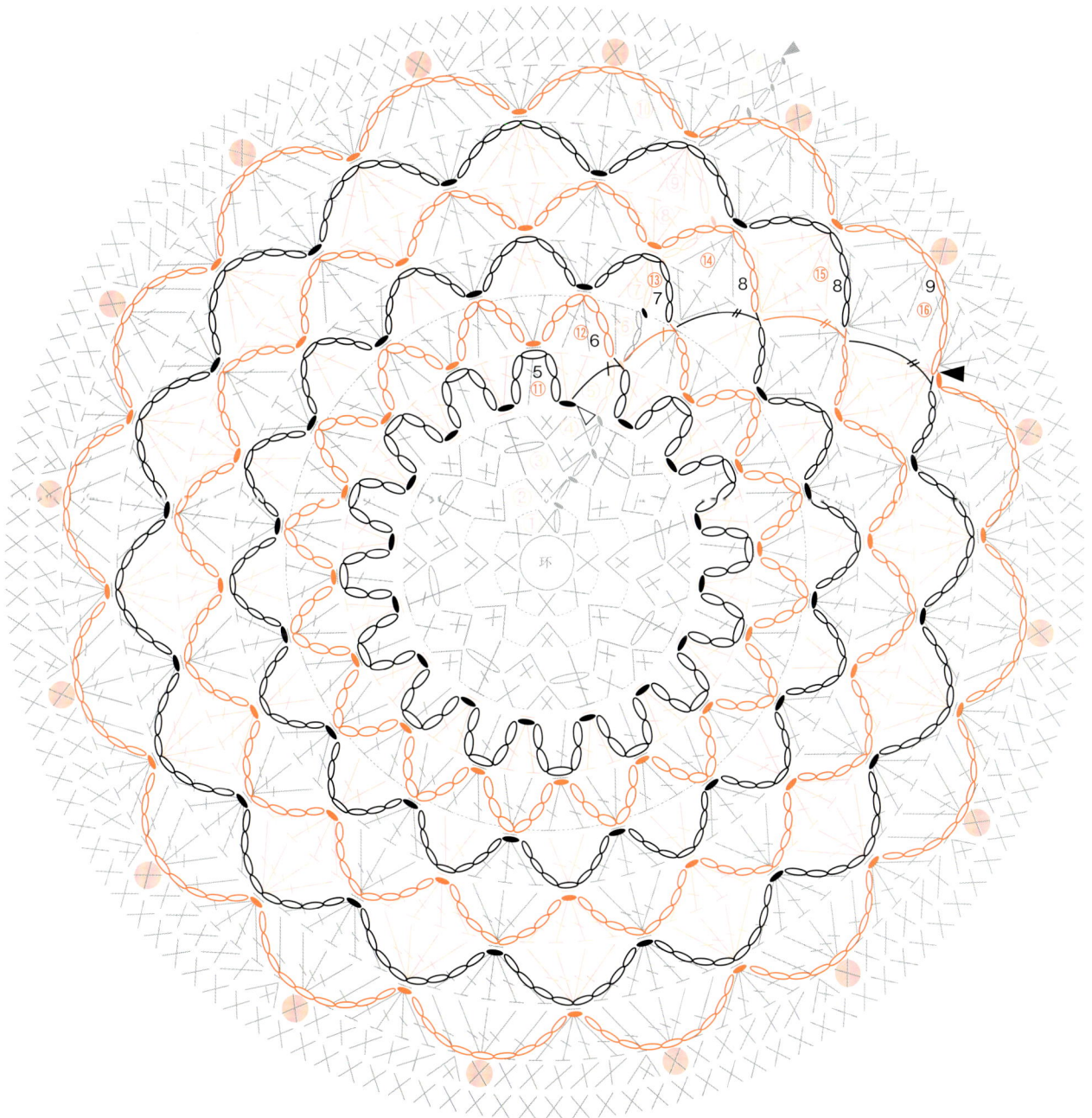

42、43

图片 **p.27** 尺寸 直径15cm

42 [材料] DARUMA iroiro ／浅橘色（34）…4g，嫩绿色（27）、红色（37）…各3g，棕色（10）、巧棕色（11）…各2g，砖红色（8）…1g

[针] 钩针5/0号

43 [材料] DARUMA iroiro ／苏打蓝（22）…4g，紫色（46）、深灰色（48）…各3g，群青色（13）、苔绿色（24）…各2g，黑色（47）…1g

[针] 钩针5/0号

花样

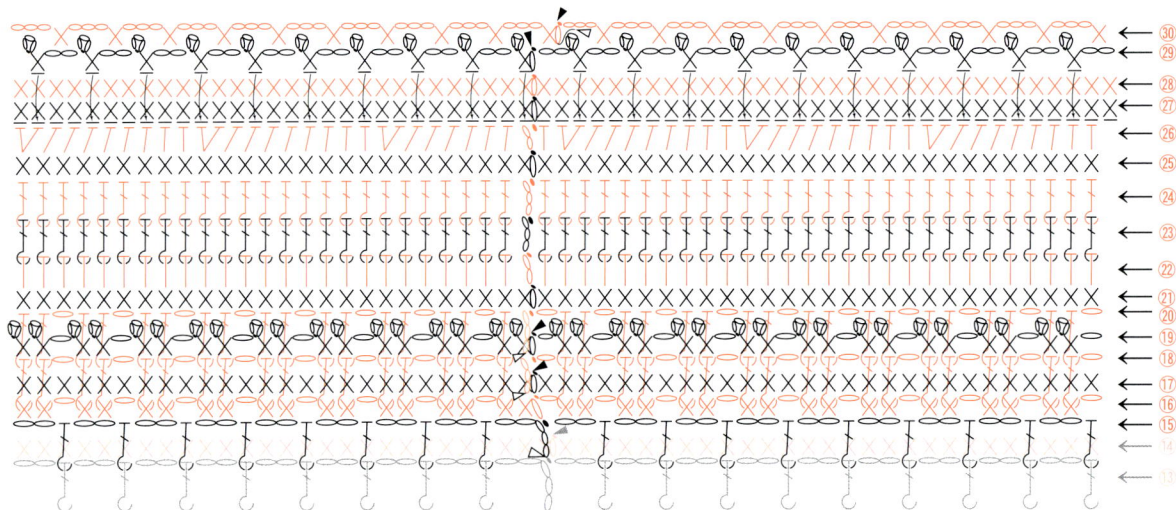

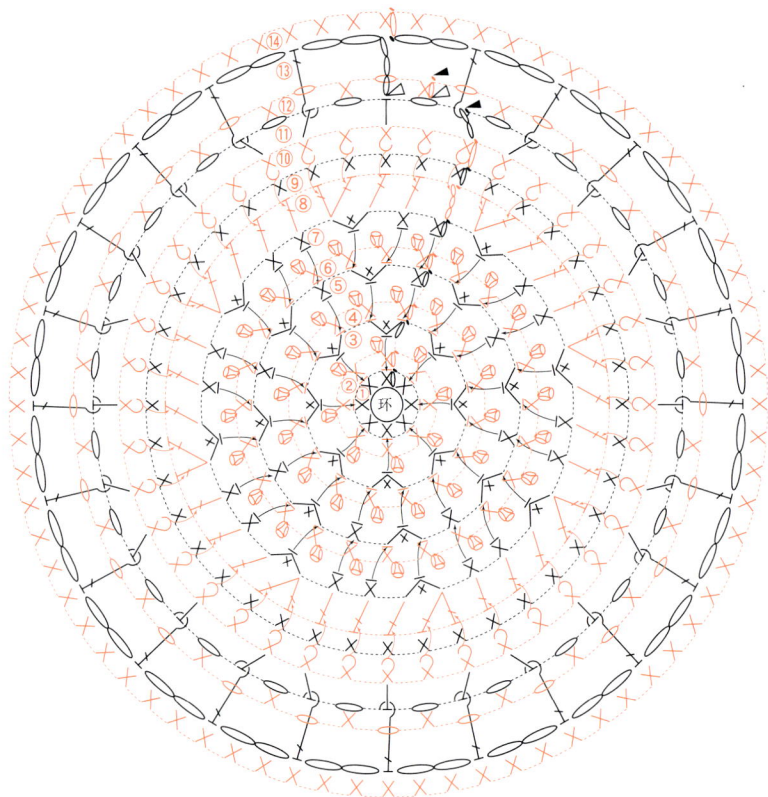

▽ = 接线

▼ = 断线

= 3针锁针的狗牙针

= 短针的条纹针

= 内钩短针

= 内钩长针

42、43 配色表

行数	42	43
30	红色	深灰色
29	浅橘色	苏打蓝
28	嫩绿色	紫色
26、27	巧棕色	群青色
24、25	浅橘色	苏打蓝
23	红色	深灰色
20~22	嫩绿色	紫色
18、19	棕色	苔绿色
16、17	浅橘色	苏打蓝
15	红色	深灰色
13、14	砖红色	黑色
12	巧棕色	群青色
10、11	嫩绿色	紫色
7~9	红色	深灰色
5、6	巧棕色	群青色
3、4	砖红色	黑色
1、2	浅橘色	苏打蓝

42、43的钩织方法

※分别参照42、43的配色表钩织。

第2行…在第1行的内侧半针里挑针钩织。
第3行…在第1行的外侧半针里挑针钩织。
第4行…在第3行的内侧半针里挑针钩织。
第5行…在第3行的外侧半针里挑针钩织。
第6行…在第5行的内侧半针里挑针钩织。
第7行…在第5行的外侧半针里挑针钩织。
第10行…将第9行倒向前面，在第8行的长针根部挑针钩织。
第12行…在第11行的锁针上成束挑针钩织。
第13行…将第12行倒向前面，在第11行的中长针根部挑针钩织。
第14行…前一行的挑针是锁针时，成束挑针钩织。
第15行…将第14行倒向前面，在第13行的内钩长针的根部挑针钩织。
第16行…在第15行的锁针上成束挑针钩织。
第17行…前一行的挑针是锁针时，成束挑针钩织。
第18行…将第17行倒向前面，在第16行的短针根部挑针钩织。
第20行…将第19行倒向前面，在第18行的内钩长针的根部挑针钩织。
第21行…前一行的挑针是锁针时，成束挑针钩织。
第27行…在第26行的内侧半针里挑针钩织。
第29行…将第28行倒向前面，在第26行的外侧半针里挑针钩织。
第30行…短针是在第29行的锁针上成束挑针钩织。
　　　　锁针是将第29行的狗牙针倒向前面钩织。

47、48　图片 **p.29**　尺寸　直径15cm

47 [材料]　DARUMA iroiro ／蜜橘色（35）…8g，米白
色（1）、沙米色（9）、巧棕色（11）…各3g，草绿
色（26）…2g，浅橘色（34）…1g
[针]　钩针4/0号

48 [材料]　DARUMA iroiro ／莓红色（44）…8g，米白
色（1）、深灰色（48）、浅灰色（50）…各3g，紫色
（46）…2g，粉红色（42）…1g
[针]　钩针4/0号

47、48 配色表

行数	47	48
15、16	巧棕色	深灰色
14	沙米色	浅灰色
12、13	蜜橘色	莓红色
11	米白色	米白色
10	草绿色	紫色
9	沙米色	浅灰色
8	蜜橘色	莓红色
7	米白色	米白色
6	草绿色	紫色
5	沙米色	浅灰色
4	蜜橘色	莓红色
3	米白色	米白色
2	浅橘色	粉红色
1	蜜橘色	莓红色

47、48的钩织方法

※分别参照47、48的配色表钩织。

第2行…在第1行的内侧半针里挑针钩织。
第3行…在第1行的外侧半针里挑针钩织。
第4行…前一行的挑针是锁针时，成束挑针钩织。
　　　　引拔针是在第3行的内侧半针里挑针钩织。
第5行…长针是在第3行的外侧半针里挑针钩织。
　　　　锁针是将第4行倒向前面钩织。
第6行…前一行的挑针是锁针时，成束挑针钩织。
第7行…在第6行的外侧半针里挑针钩织。
第8行…前一行的挑针是锁针时，成束挑针钩织。
　　　　引拔针是在第7行的内侧半针里挑针钩织。
第9行…长针是在第7行的外侧半针里挑针钩织。
　　　　锁针是将第8行倒向前面钩织。
第10行…前一行的挑针是锁针时，成束挑针钩织。
第11行…在第10行的外侧半针里挑针钩织。
第12行…在第11行的锁针上成束挑针钩织。
第13行…将第12行倒向前面，在第11行的锁针上成束挑针钩织。
　　　　此时，引拔针是在第12行"4针长长针的枣形针"的中心位
　　　　置挑针。
第14行…将第12、13行倒向前面，在第11行的外侧半针里挑针钩织。
第15行…前一行的挑针是锁针时，成束挑针钩织。

花样

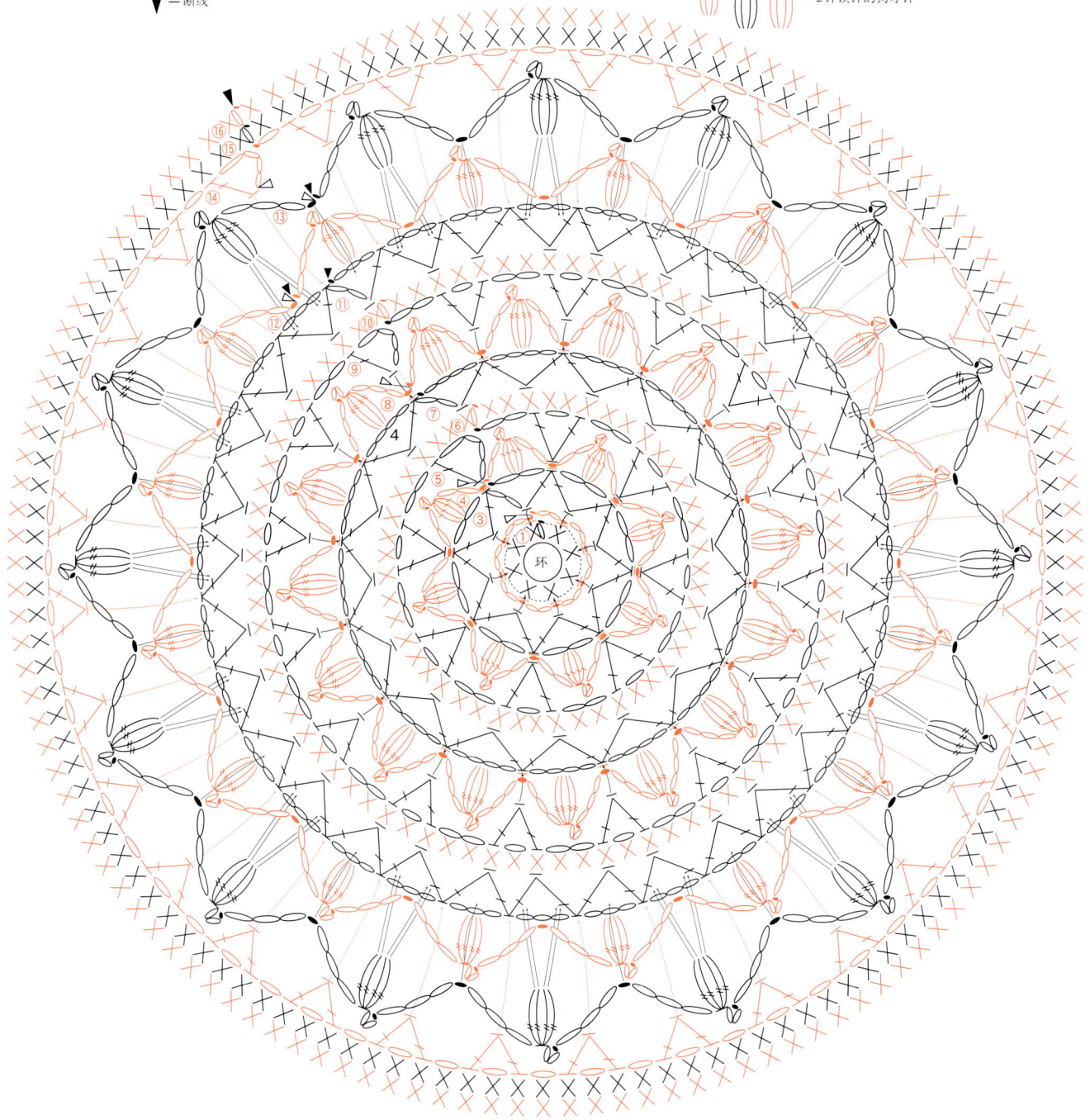

= 长针的条纹针

= 4针长针的枣形针（成束挑针钩织）

= 4针长长针的枣形针（成束挑针钩织）

= 2针锁针的狗牙针

= 接线

= 断线

环

44、45、46

图片　**p.28**　尺寸　**44** 直径10cm，**45** 直径15cm，**46** 直径20cm

44 [材料] DARUMA iroiro ／嫩绿色（27）、浅灰色
　　（50）…各2g，米白色（1）、苏打蓝（22）、柠檬黄
　　（31）…各1g
　　[针]　钩针4/0号

45 [材料] DARUMA iroiro ／橙黄色（36）…4g，蜜橘
　　色（35）…3g，蘑菇白（2）、巧棕色（11）、椒黄色
　　（30）、柠檬黄（31）…各2g
　　[针]　钩针4/0号

46 [材料] DARUMA iroiro ／苏打蓝（22）…5g，藏青
　　色（12）、苔绿色（24）、莓红色（44）…各3g，米
　　白色（1）、钴蓝色（15）、海蓝色（19）、鲜黄色
　　（29）…各2g，开心果绿（28）、酸橙黄（32）、橙黄
　　色（36）、粉红色（42）、紫色（46）…各1g
　　[针]　钩针4/0号

花样

44　第1~9行
45　第1~14行
46　第1~19行

= 内钩短针

= 变化的3针中长针的枣形针（成束挑针钩织）

= 3针锁针的狗牙针

▽ = 接线

▼ = 断线

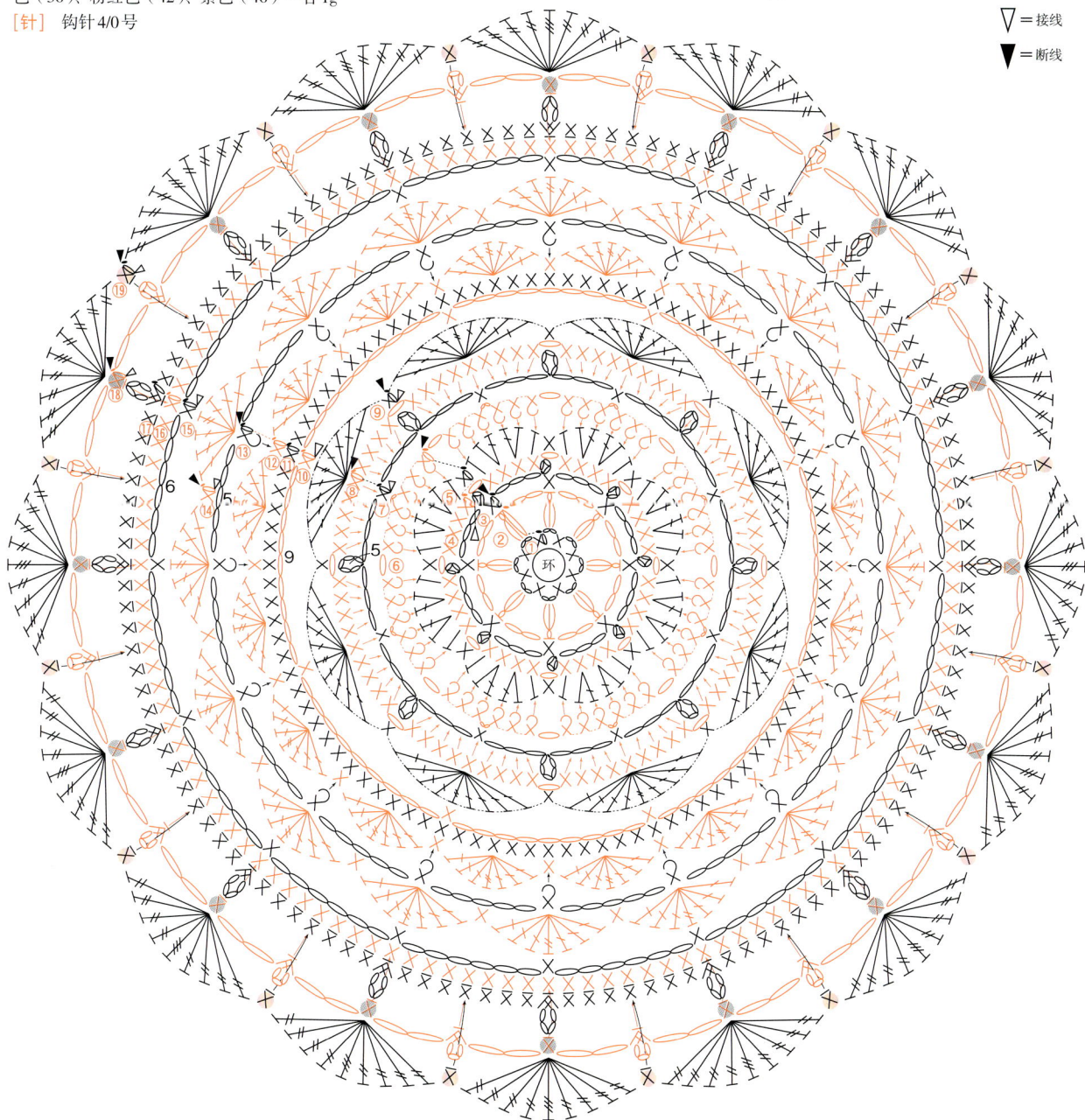

73

44、45、46的钩织方法

※分别参照44、45、46的配色表钩织。

※44钩织至第9行，45钩织至第14行，46钩织至第19行。

第2行…在第1行的锁针上成束挑针钩织。

第4行…在第3行的锁针上成束挑针钩织。此时，将狗牙针部分露出正面。

第5行…前一行的挑针是锁针时，成束挑针钩织。

第7行…前一行的挑针是锁针时，成束挑针钩织。

第8行…在第7行的锁针上成束挑针钩织。此时，将狗牙针部分露出正面。

第9行…前一行的挑针是锁针时，成束挑针钩织。

第11行…前一行的挑针是锁针时，成束挑针钩织。

第13行…将第12行倒向前面钩织。

第14行…前一行的挑针是锁针时，成束挑针钩织。

第16行…前一行的挑针是锁针时，成束挑针钩织。

第18行… ✕ 是从后面在第17行的锁针之间插入钩针，在第16行的外侧半针里挑针钩织。

第19行… ✕ 是从后面在第18行的锁针之间插入钩针，在第17行的外侧半针里挑针钩织。

44 配色表

行数	颜色
8、9	嫩绿色
7	浅灰色
6	苏打蓝
5	浅灰色
4	苏打蓝
3	柠檬黄
2	米白色
1	柠檬黄

45 配色表

行数	颜色
14	橙黄色
13	椒黄色
12	蜜橘色
10、11	巧棕色
8、9	柠檬黄
7	橙黄色
6	蜜橘色
5	橙黄色
4	蜜橘色
3	蘑菇白
2	椒黄色
1	蘑菇白

46 配色表

行数	颜色
19	苏打蓝
18	鲜黄色
17	钴蓝色
15、16	米白色
14	莓红色
13	酸橙黄
12	苔绿色
10、11	藏青色
9	海蓝色
7、8	藏青色
6	开心果绿
5	橙黄色
4	开心果绿
3	粉红色
2	紫色
1	莓红色

49、50   图片 **p.30** 尺寸 直径17cm

49 [材料] DARUMA iroiro / 红萝卜色（43）…6g，钴蓝色（15）…4g，嫩绿色（27）、柠檬黄（31）…各3g，绿色（23）、橙黄色（36）…各2g，米白色（1）、紫红色（45）…各1g

[针] 钩针4/0号

50 [材料] DARUMA iroiro / 暖棕色（7）…6g，粉红色（42）…4g，水蓝色（20）…3g，开心果绿（28）、紫色（46）…各2g，米白色（1）、钴蓝色（15）…各1g

小卷Café Demi / 浅紫色（22）…3g

[针] 钩针4/0号

49、50 配色表

行数	49	50
15	红萝卜色	暖棕色
14	钴蓝色	粉红色
13	柠檬黄	水蓝色
12	红萝卜色	暖棕色
10、11	钴蓝色	粉红色
9	嫩绿色	浅紫色
7、8	绿色	紫色
5、6	橙黄色	开心果绿
4	嫩绿色	浅紫色
3	橙黄色	开心果绿
2	米白色	米白色
1	紫红色	钴蓝色

49、50的钩织方法

※分别参照49、50的配色表钩织。

第2行…在第1行的外侧半针里挑针钩织。

第4行…短针是在第3行锁针的外侧1根线里挑针钩织。

        长长针是在第3行长针的外侧半针里挑针钩织。

第5行…将第4行倒向前面钩织。

第6行…前一行的挑针是锁针时，成束挑针钩织。

第7行…在第6行的外侧半针里挑针钩织。

第8行…在第7行的锁针上成束挑针钩织。

第9行…前一行的挑针是锁针时，成束挑针钩织。

　　　 ✕ 是在第8行的引拔针以及第7行的锁针上成束挑针钩织。

第10行…将第9行倒向前面钩织。立起的锁针以及外钩长针是在第9行

        "2针长长针的枣形针"根部的反面针脚里挑针钩织。

第11~13行…前一行的挑针是锁针时，成束挑针钩织。

第14行…前一行的挑针是锁针时，成束挑针钩织。外钩短针是将第13行倒向前面，在第12行"5针长针的爆米花针"的头部挑针钩织。

第15行…前一行的挑针是锁针时，成束挑针钩织。

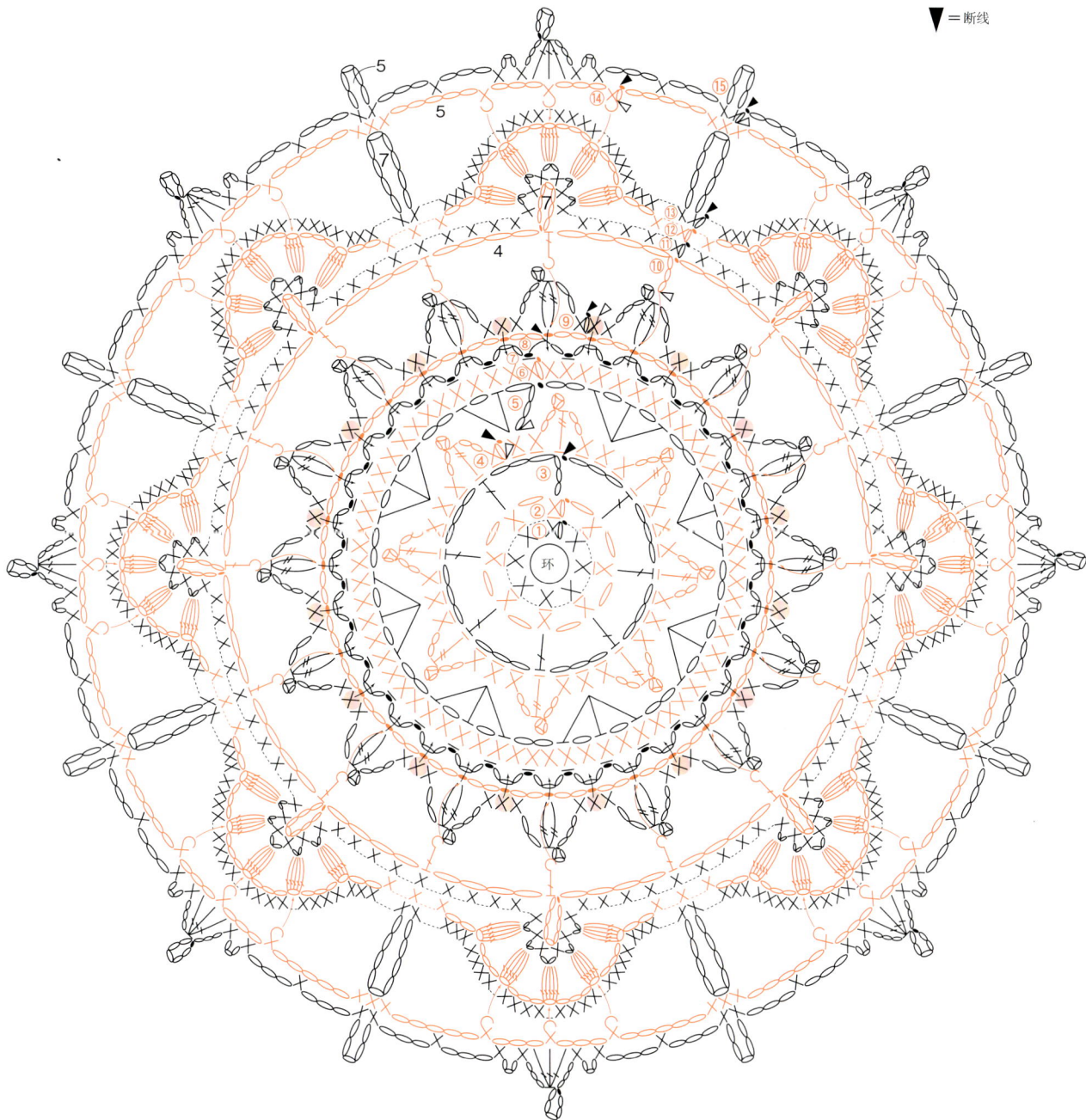

图例说明：
- ⬭ = 引拔针的条纹针
- ╳ · ╳ = 短针的条纹针
- ╳ = 外钩短针
- ⬚ = 5针长针的爆米花针（成束挑针钩织）
- ◊ = 2针长针的枣形针（成束挑针钩织）
- ┬ = 外钩长针
- ┬ = 长长针的条纹针
- ◖ = 3针锁针的狗牙针
- ◊ = 7针锁针的狗牙针
- ◊ = 5针锁针的狗牙针

花样

- ▽ = 接线
- ▼ = 断线

BASICS OF CROCHET

如何看懂符号图

符号图均表示从织物正面看到的状态，根据日本工业标准（JIS）制定。钩针编织没有正针和反针的区别（内钩和外钩针除外），交替看着正、反面进行往返钩织时也用相同的针法符号表示。

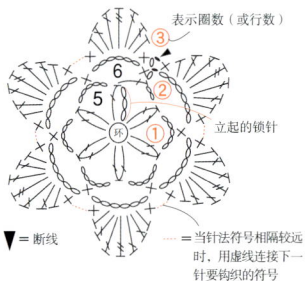

表示圈数（或行数）
③ ② ①
6
5
立起的锁针
▼=断线
=当针法符号相隔较远时，用虚线连接下一针要钩织的符号

从中心向外环形钩织时

在中心环形起针（或钩织锁针连接成环形），然后一圈圈地向外钩织。每行的起点都要先钩立起的锁针。通常情况下，都是看着织物的正面按符号图从右往左（逆时针）钩织。

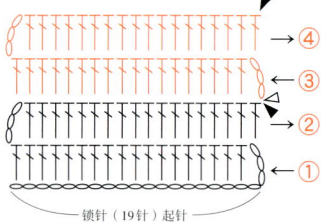

▼=断线　▽=接线

锁针（19针）起针

往返钩织时

特点是左右两侧都有立起的锁针。原则上，当立起的锁针位于右侧时，看着织物的正面按符号图从右往左钩织；当立起的锁针位于左侧时，看着织物的反面按符号图从左往右钩织。这里的符号图表示在第3行换成配色线钩织。

④ ③ ② ①

带线和持针的方法

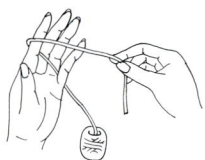

1 从左手的小指和无名指之间将线向前拉出，然后挂在食指上，将线头拉至手掌前。

2 用拇指和中指捏住线头，竖起食指使线绷紧。

3 用右手的拇指和食指捏住钩针，再用中指轻轻抵住针头。

起始针的钩织方法

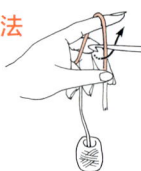

1 将钩针抵在线的后侧，如箭头所示转动针头。

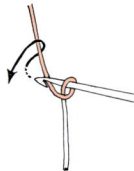

2 再在针头挂线。

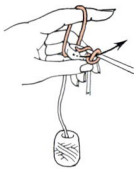

3 从线环中将线向前拉出。

4 拉动线头收紧，起始针就完成了（此针不计为1针）。

起针

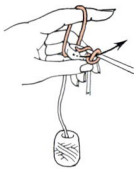

环

从中心向外环形钩织时（用线头制作线环）

1 在左手食指上绕2圈线，制作线环。

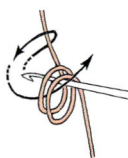

2 从手指上取下线环重新捏住，在线环中插入钩针，如箭头所示挂线后向前拉出。

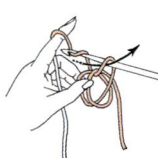

3 针头再次挂线拉出，钩1针立起的锁针。

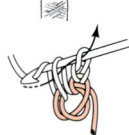

4 第1圈在线环中插入钩针，钩织所需针数的短针。

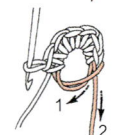

5 暂时取下钩针，拉动最初的线环（1）和线头（2），收紧线环。

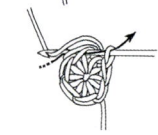

6 第1圈结束时，在第1针短针的头部插入钩针，挂线引拔。

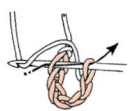

6

从中心向外环形钩织时（钩锁针制作线环）

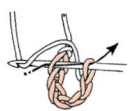

1 钩织所需针数的锁针，在第1针锁针的半针里插入钩针引拔。

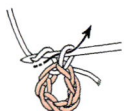

2 针头挂线后拉出，此针就是立起的锁针。

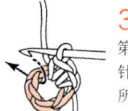

3 第1圈在线环中插入钩针，成束挑起立起锁针钩织所需针数的短针。

4 第1圈结束时，在第1针短针的头部插入钩针，挂线引拔。

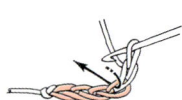

××××

往返钩织时

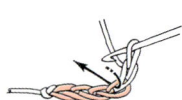

1 钩织所需针数的锁针和立起的锁针。在边上第2针锁针里插入钩针，挂线后拉出。

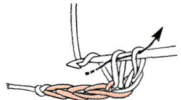

2 针头挂线，如箭头所示将线拉出。

3 第1行完成后的状态（立起的1针锁针不计为1针）。

锁针的识别方法

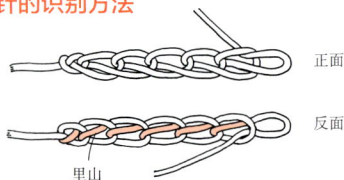

正面
反面
里山

锁针有正、反面之分。反面中间突出的1根线叫作锁针的"里山"。

从前一行挑针的方法

在1个针脚里挑针钩织

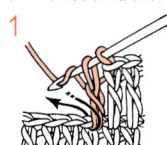

1

2

成束挑起锁针钩织

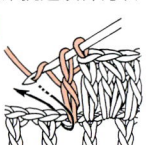

1

2

同样是枣形针，符号不同，挑针的方法也不同。符号下方是闭合状态时，在前一行的1个针脚里挑针钩织；符号下方是打开状态时，成束挑起前一行的锁针钩织。

针法符号

◯ 锁针

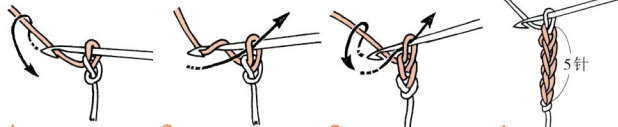

1 钩起始针，接着在针头挂线。

2 将挂线拉出，完成锁针。

3 按相同要领，重复步骤 **1** 和 **2** 的"挂线、拉出"，继续钩织。

4 5锁针完成。

● 引拔针

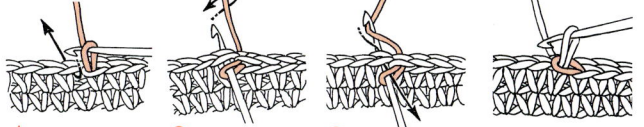

1 在前一行的针脚里插入钩针。

2 针头挂线。

3 将线一次性拉出。

4 1针引拔针完成。

✕ 短针

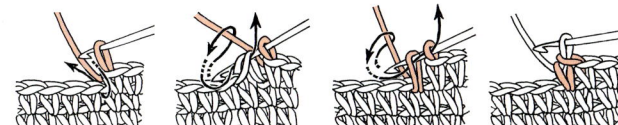

1 在前一行的针脚里插入钩针。

2 针头挂线，向前拉出线圈（拉出线圈后的状态叫作"未完成的短针"）。

3 针头再次挂线，一次性引拔穿过2个线圈。

4 1针短针完成。

T 中长针

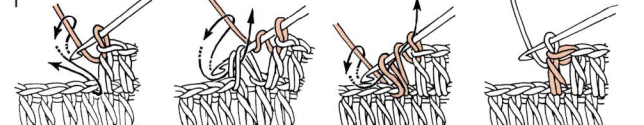

1 针头挂线，在前一行的针脚里插入钩针。

2 针头再次挂线后向前拉出（拉出后的状态叫作"未完成的中长针"）。

3 针头再次挂线，一次性引拔穿过3个线圈。

4 1针中长针完成。

长针

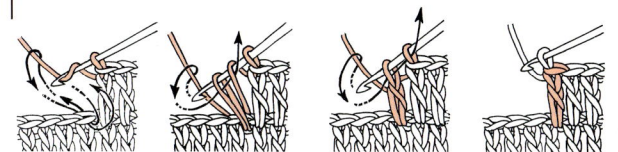

1 针头挂线，在前一行的针脚里插入钩针。再次挂线后向前拉出。

2 如箭头所示，针头挂线后引拔穿过2个线圈（引拔后的状态叫作"未完成的长针"）。

3 针头再次挂线，引拔穿过剩下的2个线圈。

4 1针长针完成。

长长针　3卷长针＝（●）

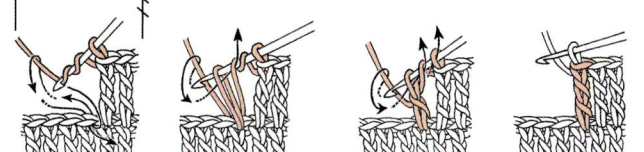

1 在针头绕2圈（●＝3圈）线，在前一行的针脚里插入钩针，再次挂线，向前拉出线圈。

2 如箭头所示，针头挂线后引拔穿过2个线圈。

3 再重复2次（●＝3次）相同操作。※重复第1次（●＝第2次）后的状态叫作"未完成的长长针（●＝未完成的3卷长针）"。

4 1针长长针完成。

✕ 短针的条纹针

※短针以外的情况也按相同要领，在前一行的外侧半针里挑针钩织指定针法

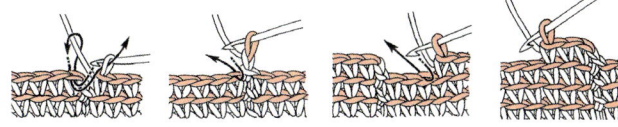

1 每圈看着正面钩织。钩完1圈短针后，在第1针里引拔。

2 钩1针立起的锁针，接着在前一圈的外侧半针里挑针，钩织短针。

3 重复步骤 **2**，继续钩织短针。

4 前一圈的内侧半针呈条纹状保留下来。图中是钩织第4圈短针的条纹针的状态。

3针锁针的狗牙针

※3针或短针以外的情况，在步骤 **1** 钩织指定针数后，按步骤 **2** 相同要领引拔。

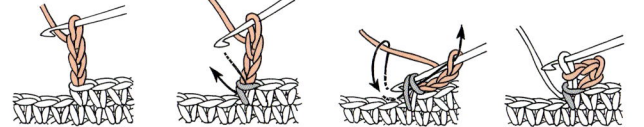

1 钩3针锁针。

2 在短针头部的半针以及根部的1根线里插入钩针。

3 针头挂线，如箭头所示一次性引拔。

4 3针锁针的狗牙针完成。

✕ 短针1针放2针　短针1针放3针　短针2针并1针

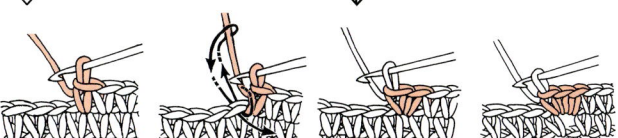

1 钩1针短针。

2 在同一个针脚里插入钩针，拉出线圈，钩织短针。

3 在同一个针脚里钩入2针短针后的状态。比前一行多了1针。

4 在同一个针脚里钩入3针短针后的状态。比前一行多了2针。

1 如箭头所示在前一行的针脚里插入钩针，拉出线圈。

2 按相同要领从下一个针脚里拉出线圈。

3 针头挂线，如箭头所示一次性引拔穿过3个线圈。

4 短针2针并1针完成。比前一行少了1针。

⩓ 长针1针放2针

※2针以上或长针以外的情况也按相同要领，在前一行的1个针脚里钩织指定针数的指定针法

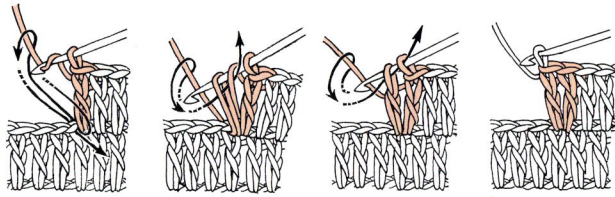

1 钩1针长针。接着针头挂线，在同一个针脚里插入钩针，挂线后拉出。

2 针头挂线，引拔穿过2个线圈。

3 针头再次挂线，引拔穿过剩下的2个线圈。

4 在同一个针脚里入2针长针后的状态。比前一行多了1针。

⩑ 长针2针并1针

※2针以上或长针以外的情况也按相同要领，钩织指定针数的未完成的指定针法，然后一次性引拔穿过针上的所有线圈

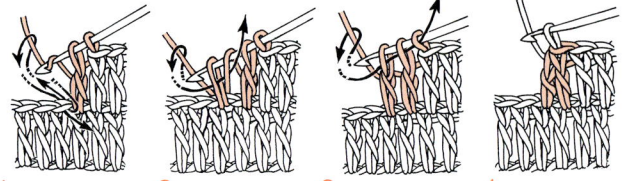

1 在前一行的1个针脚里钩1针未完成的长针（参照p.77）。接着针头挂线，如箭头所示在下一个针脚里插入钩针，挂线后拉出。

2 针头挂线，引拔穿过2个线圈，钩第2针未完成的长针。

3 针头挂线，如箭头所示一次性引拔穿过3个线圈。

4 长针2针并1针完成。比前一行少了1针。

3针长针的枣形针

※3针或长针以外的情况也按相同要领，在前一行的1个针脚里钩织指定针数的未完成的指定针法，再如步骤3所示一次性引拔穿过针上的所有线圈

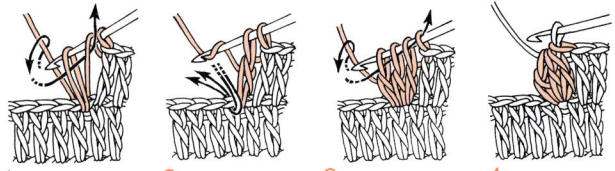

1 在前一行的针脚里钩1针未完成的长针（参照p.77）。

2 针头挂线，在同一个针脚里钩2针未完成的长针。

3 针头挂线，一次性引拔穿过针上的4个线圈。

4 3针长针的枣形针完成。

变化的3针中长针的枣形针

※3针或中长针以外的情况也按相同要领，在前一行的1个针脚里钩织指定针数的未完成的指定针法，如步骤2所示引拔穿过指定线圈，再如步骤3所示一次性引拔穿过剩下的线圈

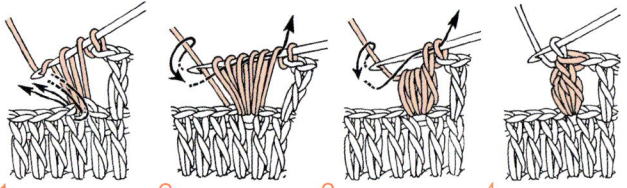

1 在前一行的针脚里插入钩针，钩3针未完成的中长针（参照p.77）。

2 针头挂线，如箭头所示引拔穿过针上的6个线圈。

3 针头再次挂线，一次性引拔穿过剩下的线圈。

4 变化的3针中长针的枣形针完成。

5针长针的爆米花针

※5针以外的情况，将步骤1的针数换成指定针数后，按相同要领钩织

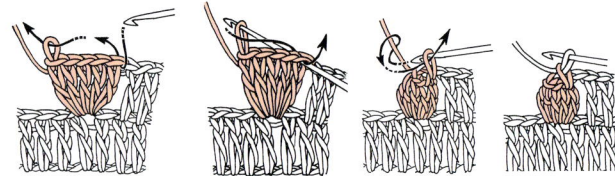

1 在前一行的同一个针脚里钩入5针长针，接着暂时取下钩针，如箭头所示在第1针长针的头部以及刚才取下的线圈里重新插入钩针。

2 如箭头所示，直接向前拉出线圈。

3 再钩1针锁针，收紧针脚。

4 5针长针的爆米花针完成。

⤬ 1针长针交叉

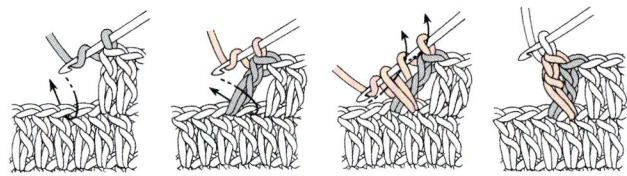

1 针头挂线，跳过1针插入钩针，钩织长针。

2 针头挂线，如箭头所示在刚才跳过的针脚里插入钩针。

3 针头挂线后拉出，包住已织长针，钩织长针。

4 1针长针交叉完成。

外钩长针

※往返钩织中看着反面操作时，按内钩长针钩织
※长针以外的情况也按相同要领，如步骤1的箭头所示插入钩针，钩织指定针法

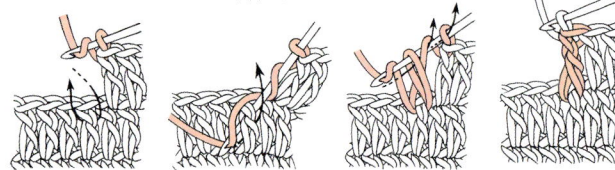

1 针头挂线，如箭头所示从前面插入钩针，挑起前一行长针的根部。

2 针头挂线后拉出，稍微拉长一点。

3 针头再次挂线，引拔穿过2个线圈（引拔后的状态叫作"未完成的外钩长针"）。再重复1次相同操作。

4 1针外钩长针完成。

内钩长针

※往返钩织中看着反面操作时，按外钩长针钩织
※长针以外的情况也按相同要领，如步骤1的箭头所示插入钩针，钩织指定针法

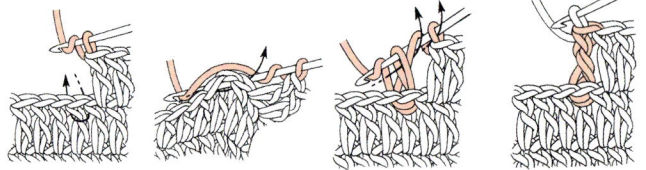

1 针头挂线，如箭头所示从后面插入钩针，挑起前一行长针的根部。

2 针头挂线，如箭头所示向后拉出。

3 将线稍微拉长一点，针头再次挂线，引拔穿过2个线圈（引拔后的状态叫作"未完成的内钩长针"）。再重复1次相同操作。

4 1针内钩长针完成。

外钩短针   ※往返钩织中看着反面操作时，按内钩短针钩织

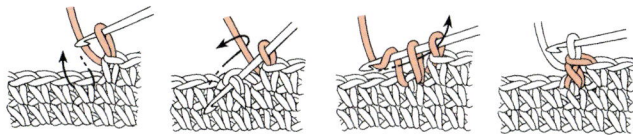

1 如箭头所示从前面插入钩针，挑起前一行短针的根部。

2 针头挂线后拉出，比普通短针稍微拉长一点。

3 针头再次挂线，一次性引拔穿过2个线圈。

4 1针外钩短针完成。

内钩短针   ※往返钩织中看着反面操作时，按外钩短针钩织

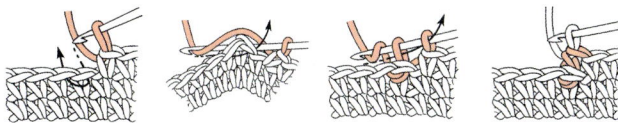

1 如箭头所示从后面插入钩针，挑起前一行短针的根部。

2 针头挂线，如箭头所示向后拉出。

3 比普通短针稍微拉长一点，针头再次挂线，一次性引拔穿过2个线圈。

4 1针内钩短针完成。

配色花样的钩织方法（横向渡线钩织的方法）

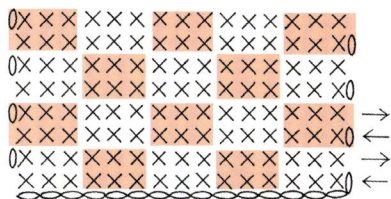

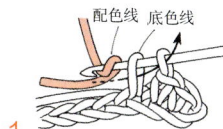

配色线　底色线

1 钩织未完成的短针（参照p.77），将配色线挂在针头引拔。

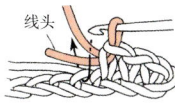

2 用配色线引拔后的状态。接着用配色线钩织，注意包住底色线和配色线的线头钩织。包住线头一起钩织，无须再做线头处理。

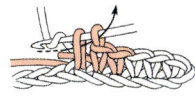

3 再次换成底色线时，前一针的短针按步骤1相同要领换成底色线引拔。

卷针缝

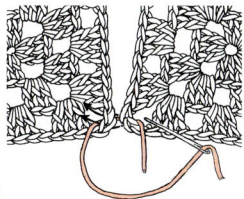

1 将织片正面朝上对齐，在针脚头部的2根线里挑针拉线。在缝合起点和终点的针脚里各挑2次针。

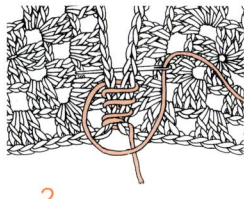

2 1针1针地挑针缝合。

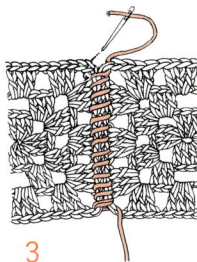

3 缝合至末端的状态。

半针的卷针缝

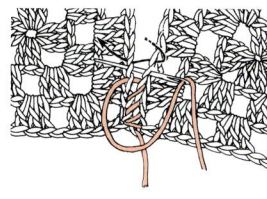

将织片正面朝上对齐，在外侧半针（针脚头部的1根线）里挑针拉线。在缝合起点和终点的针脚里各挑2次针。

日文原版图书工作人员

图书设计	阿部由纪子
摄影	小塚恭子（作品、线材样品） 本间伸彦（步骤详解）
造型	绘内友美
作品设计	今村曜子 远藤裕美 冈真理子 冈本启子 镰田惠美子 河合真弓 小松崎信子 丰秀环奈
钩织方法解说、制图	中村洋子
步骤协助	河合真弓

原文书名：曼荼羅模樣
原作者名：E&G CREATES

Copyright © apple mints 2024

Original Japanese edition published by E&G CREATES.CO.,LTD

Chinese simplified character translation rights arranged with E&G CREATES.CO.,LTD

Through Shinwon Agency Co., Ltd.

Chinese simplified character translation rights © 2025 by China Textile & Apparel Press.

本书中文简体版经日本E&G CREATES 授权，由中国纺织出版社有限公司独家出版发行。

本书内容未经出版者书面许可，不得以任何方式或任何手段复制、转载或刊登。

著作权合同登记号：图字：01-2025-3119

图书在版编目（CIP）数据

钩针编织曼陀罗花样 / 日本E&G 创意编著 ；蒋幼幼译. -- 北京 ： 中国纺织出版社有限公司，2025. 9.

ISBN 978-7-5229-2825-8

I. TS935.521

中国国家版本馆 CIP 数据核字第 2025PE0321 号

责任编辑：刘 茸　责任校对：王蕙莹　责任印制：王艳丽

中国纺织出版社有限公司出版发行

地址：北京市朝阳区百子湾东里 A407 号楼　邮政编码：100124

销售电话：010—67004422　传真：010—87155801

http://www.c-textilep.com

中国纺织出版社天猫旗舰店

官方微博 http://weibo.com/2119887771

北京华联印刷有限公司印刷　各地新华书店经销

2025 年 9 月第 1 版第 1 次印刷

开本：889×1194　1/16　印张：5

字数：104 千字　定价：59.80 元

凡购本书，如有缺页、倒页、脱页，由本社图书营销中心调换